よくわかる
電気回路

津吉　彰　著

電気書院

まえがき

本書は大学や高等専門学校の電気電子工学系学科で電気回路を学ぶ皆さんに向けた講義用教科書として執筆したものです．筆者の所属校では電気回路に関する授業は電気回路Ⅰ，Ⅱ，Ⅲの３科目６単位からなり，高専２年から４年の90分×30週×３年の講義で教授する内容となっています．

電気回路の広い内容をコンパクトにまとめてあり，この一冊でさまざまな電気回路向けの教科書で扱われる内容をほぼ網羅しています．本書は「よくわかるシリーズ」として執筆された他の教科書に比べ，取り扱う項目が多いため，各項目の説明が少なめですので，必ずしも「よくわかる」とは言えないかも知れません．しかし，昨今Webで例題や解説を検索して自分の力で調べることが容易になりましたので，解説を深く掘り下げるよりもより広い範囲を一冊にまとめることで，「よくわかる」ことを目指しました．それでも内容によっては本書では説明し尽くせないところがありますので，必要を感じた際には参考文献を適宜使用し，さらに深い内容に触れて頂ければと思います．

本書は授業などで利用して頂いて回路の問題の解法を理解できるように構成されており，内容的には大学院入試問題の解法を理解するだけの範囲を含んでいます．しかし，実際に難関大学で出題されるような高度な問題を含んだ演習問題を掲載してはおりません．各章の章末の演習問題はその章の内容の理解を確認する程度の内容であり，演習書に比べ分量も少なくこれだけで入試対策とするのには不十分な場合が多いと思われます．回路の入試問題は大学によって主眼とする内容にかなりの違いがあり，難易度も様々ですので，入試対策には別途演習書を併用されることをお薦めします．入試対策を進める場合には志望校の過去の出題問題を取り寄せて相応の難易度の演習書を利用されることをお薦めします．

本書のシリーズの特徴として，各章の冒頭に「この章で使う基礎事項」を載せています．本書は基本的には1章から順に学んでいただくと良い構成にしておりますが，「この章で使う基礎事項」では，既出の内容のうち特にその章で使用する事項や，あらかじめ知っておくべき数学の内容などを簡単に紹介しています．分量も多くありませんので，章の学習を始める冒頭で確認していただくことを強くお薦めします．

電気工学の中で電磁気学とともに基礎科目として位置づけられる電気回路ですが，色々な工学分野で電気回路モデルとして，回路理論の考え方が応用されることがあります．筆者が回路理論を実際に利用し始めたのは，熱の流れを電気の流れに置き換えた伝熱回路モデルによる熱解析が原点でした．熱源を電圧源，熱抵抗を電気抵抗，温度を電位として熱の流れを電気回路に置き換えて伝熱解析を行うという手法で，トランジスタ等の半導体の放熱設計などにも利用されています．授業科目だから，入試科目だから学習するという気持ちで学習をスタートしていただくこと自体は何ら問題ありませんが，将来エンジニアとして回路の設計のみならず，他の様々な分野において本書で学んだ内容を活用頂ければ，著者としてはこの上ない喜びです．読者の各方面でのご活躍をお祈り申し上げます．

最後になりましたが，企画より大変長期にわたり執筆を支えて下さった出版社の皆様に感謝申し上げます．

津吉　彰

なお，本書では回路記号で主としてJIS電気用図記号「JIS C 0617」を使用していますが，一部便宜上専門書で多用され認知されやすい一般な図記号を使用している箇所もあります．

目　次

第1章　直流回路の基礎　1

この章で使う基礎事項 ……2
基礎 1-1　オームの法則……2
基礎 1-2　合成抵抗……2
基礎 1-3　電力……2
1-1　電圧源と電流源 ……3
1-2　キルヒホッフの法則 ……4
1-3　分流と分圧 ……11
1-4　電力の計算 ……15
章末問題1 ……16

第2章　交流回路の基礎とフェーザ法　19

この章で使う基礎事項 ……20
基礎 2-1　三角関数のグラフ……20
基礎 2-2　複素数の計算公式……20
基礎 2-3　交流回路で対象とする素子の種類……22
2-1　交流電圧，電流の表現（フェーザ法）……22
2-2　回路のインピーダンス，アドミタンスの計算 ……24
2-3　フェーザを利用した交流回路計算の基本 ……27
2-4　フェーザを利用した交流回路計算の応用 ……30
2-5　交流電力の計算 ……36
2-6　ベクトル軌跡 ……39
章末問題2 ……42

目　次

第３章　回路の定理　45

この章で使う基礎事項 ……46
基礎 3-1　電源の種類……46
基礎 3-2　インピーダンス，アドミタンスの合成……46
3-1　テブナンの定理 ……47
3-2　ノートンの定理 ……49
3-3　重ね合わせの理 ……51
3-4　相反定理 ……53
3-5　補償定理 ……54
3-6　テレゲンの定理 ……55
章末問題３ ……56

第４章　交流回路の計算　59

この章で使う基礎事項 ……60
基礎 4-1　回路の定理……60
基礎 4-2　インピーダンス，アドミタンスの計算……60
基礎 4-3　相互誘導回路……60
4-1　異なる周波数の交流電源を有する回路 ……61
4-2　交流電流電圧波形と大きさの表現 ……62
4-3　高調波を含む交流 ……63
4-4　相互誘導回路 ……65
4-5　交流ブリッジ ……67
章末問題４ ……69

第５章　回路方程式　71

この章で使う基礎事項 ……72
基礎 5-1　キルヒホッフの電圧則と電流則……72
基礎 5-2　行列の計算……72
5-1　グラフ理論の概要 ……73
5-2　網路方程式 ……76

5-3　節点方程式 ……77
5-4　閉路方程式 ……79
5-5　カットセット方程式 ……80
章末問題５ ……82

第６章　過渡解析　85

この章で使う基礎事項 ……86
基礎 6-1　微分方程式の解法 ……86
6-1　回路の電圧と電流の関係 ……87
6-2　回路の応答 ……88
6-3　より複雑な回路の過渡解析 ……98
6-4　磁束保存則，電荷保存則による初期値の導出 ……99
章末問題６ ……101

第７章　ラプラス変換を利用した回路解析　103

この章で使う基礎事項 ……104
基礎 7-1　ラプラス変換の定義 ……104
基礎 7-2　部分分数分解 ……104
基礎 7-3　部分分数分解（ヘビサイド（Heaviside）の展開定理による） ……106
基礎 7-4　回路解析で使用するラプラス変換の主な公式 ……107
7-1　ラプラス変換を利用した回路解析（その１） ……108
7-2　ラプラス変換を利用した回路解析（その２） ……112
7-3　種々の波形に対する応答 ……115
章末問題７ ……118

第８章　回路網　121

この章で使う基礎事項 ……122
基礎 8-1　ラプラス変換の基礎公式 ……122

基礎 8-2　回路の直並列計算，分流，分圧の計算方法‥122
8-1　回路網の定義と活用 …… 123
8-2　４端子回路 …… 124
8-3　回路網関数 …… 129
8-4　分布定数回路 …… 134
章末問題８ …… 137

第９章　状態方程式　141

この章で使う基礎事項 …… 142
基礎 9-1　定数変化法を用いた微分方程式の解法 …… 142
基礎 9-2　指数関数の定義から行列指数関数への拡張‥143
基礎 9-3　ケーリー・ハミルトンの定理 …… 143
9-1　１次回路網の状態方程式 …… 143
9-2　２次以上の回路網の状態方程式 …… 146
9-3　遷移行列 e^{At} の計算方法 …… 147
9-4　状態変数の決定 …… 149
章末問題９ …… 150

第 10 章　多相回路　153

この章で使う基礎事項 …… 154
基礎 10-1　ΔY 変換と YΔ 変換 …… 154
基礎 10-2　位相差 …… 155
10-1　三相交流の基礎 …… 155
10-2　三相交流回路の結線方式 …… 158
10-3　三相交流回路の電力 …… 163
10-4　三相交流回路のベクトル表示 …… 164
10-5　非対称三相回路 …… 166
10-6　三相以上の多相回路 …… 168
章末問題 10 …… 170

章末問題解答 …… 173

引用・参考文献 ……………………………………………………………182
索　引 ………………………………………………………………………184

第 1 章　直流回路の基礎

電気回路を学び始めた際に最初に覚えたオームの法則から中学校や高校の物理で習う基礎はやはり直流回路である．本章では今一度物理で習った基本法則を確認し，それを回路の解析に生かせるように直流の簡単な回路の取り扱いについて学ぶ．

まずよく用いられる電源の種類について理解し，その電源から抵抗に流れる電流や電圧を求めるために，基本法則のキルヒホッフの電流則，電圧則を適用できるようにする．さらに抵抗の合成や，分流分圧といった回路解析の簡便化について学ぶことにより，効率的に回路を解析できるようにする．

☆この章で使う基礎事項☆

基礎 1-1　オームの法則

抵抗に流れる電流と電圧の関係を表す．

電流を I[A]，（単位 A：アンペア），電圧を V[V]，（単位 V：ボルト）とすると，$V=RI$ の関係があり，比例定数が R[Ω]，（単位 Ω：オーム）となる．

電圧は電位差とも呼ばれ，抵抗に流れる電流の上流の方が，電圧が高いと考え，＋，－の記号で表す．

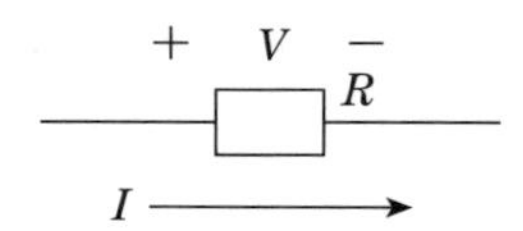

図 1-1　抵抗に流れる電流と電圧降下

基礎 1-2　合成抵抗

抵抗の接続の仕方には直列と並列があり，接続された抵抗の大きさを合成抵抗と呼ぶ．

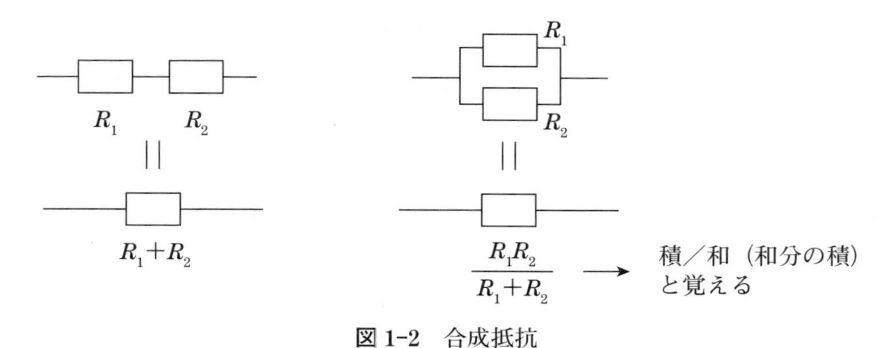

図 1-2　合成抵抗

基礎 1-3　電力

抵抗ではジュール熱としてエネルギーが消費される．１秒あたりに抵抗で消費されるエネルギーを電力 P[W]，（単位 W：ワット）と呼び，次式で求められる．電力 P は電流，電圧の二乗に比例する．

$$P = V \cdot I = RI^2 = \frac{V^2}{R} \tag{1-1}$$

1-1　電圧源と電流源

直流回路は直流電源と抵抗で構成される．直流電源には電圧が決まっている**電圧源**と，流れる電流が決まっている**電流源**がある．電圧源は**図 1-3**(a)，電流源は**図 1-3**(b)のように表す．

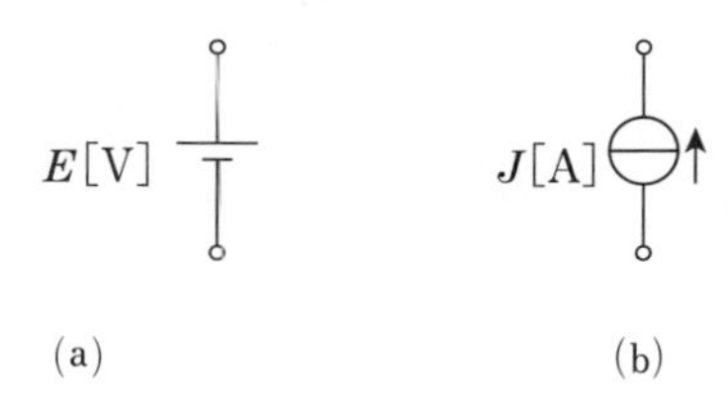

図 1-3　直流電源の種類

これらの電源に抵抗を接続した**図 1-4** の回路の電流，電圧はオームの法則により求められる．**図 1-4**(a)では E，R から流れる電流 I が決まり，

$$I = \frac{E}{R}[\mathrm{A}], \tag{1-2}$$

図 1-4(b)では，J，R から，抵抗に生じる電圧降下 V[V] が決まり，

$$V = RJ\,[\mathrm{V}] \tag{1-3}$$

となる．

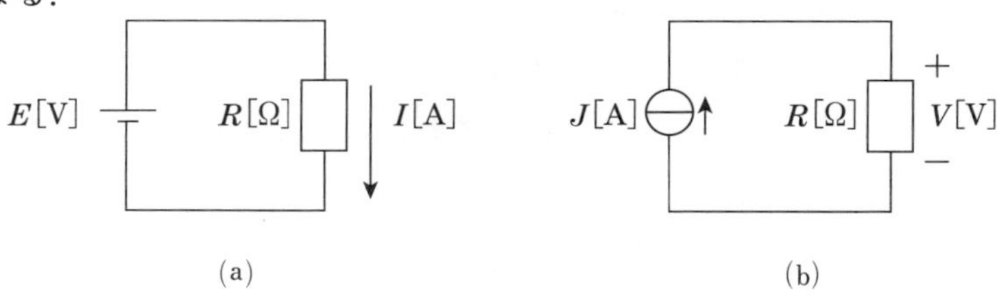

図 1-4　直流電源と抵抗の接続

ここで，注意しておきたいことはこの２つの電源は理想的な電源であり，電圧源の**内部抵抗**はゼロ，電流源の内部抵抗は∞であるということである．回路の解析にあたっては，その手順の中で，電源を無視するために，「電源を零にする」という前提条件をつけることがある．

「電圧源を零にする」と，起電力の電圧値がゼロになり，内部抵抗もゼロであるため，導線だけが残る短絡（short）になる（**図 1-5**(a)参照）．

一方，「電流源を零にする」と流れる電流がゼロで，内部抵抗が無限大になるため，回路が開放（open）になる（**図 1-5**(b)参照）．

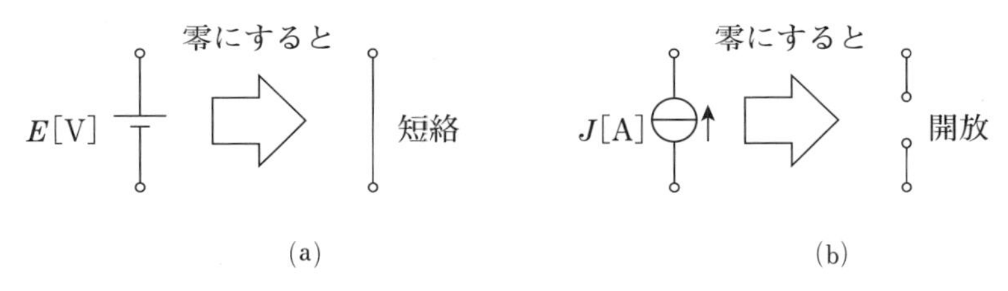

図 1-5　直流電源を零にする場合の回路状態

1-2　キルヒホッフの法則

回路は電源と抵抗で構成される．回路に流れる電流，電圧にはそれぞれ規則があり，それぞれ**キルヒホッフの電流則**（**KCL**：Kirchhoff's Current Law），**キルヒホッフの電圧則**（**KVL**：Kirchhoff's Voltage Law）と呼ばれる．KCL，KVL はそれぞれ下記のように説明される．

KCL：回路の分岐点（節点と呼ぶ）に流れ込む電流の和は，流れ出る電流の和に等しい．つまり節点に流れ込む電流を正，流れ出る電流を負とした電流の総和はゼロである．

KVL：閉路（電流の経路が一巡して閉じた回路）に含まれる電源の正負を考慮した総和と，抵抗での電圧降下の総和が等しい．すなわち，起電力や電圧降下の向きを考えた閉路での電圧の総和はゼロである.

図 1-6 を例にとって考えよう.

KCL は点 A での電流について，下記の式を与える.

$$I_1+I_2=I_3 \tag{1-4}$$

KVL は R_1，R_2 から成る閉路について次式を与える.

$$V_1-V_2=0 \tag{1-5}$$

また KVL は R_2，R_3，E でつながる回路について，次式を与える.

$$V_2+V_3=E \tag{1-6}$$

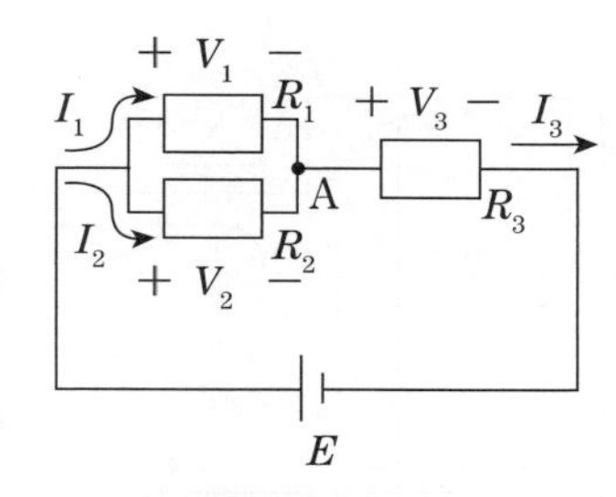

図 1-6　電源に抵抗が接続された回路

また，各抵抗におけるオームの法則より，

$$V_1=R_1I_1 \tag{1-7}$$

$$V_2=R_2I_2 \tag{1-8}$$

$$V_3=R_3I_3 \tag{1-9}$$

KCL，KVL，オームの法則から求められる（1-4)～(1-9）の連立方程式から，各抵抗の電流電圧がすべて求められる．ここでは必要な式の数と未知数の数がいずれも 6 個であることに注意しておきたい.

未知数の数だけ独立な方程式が得られることにより，解が求められる.

＜キルヒホッフの法則の適用上の留意点＞

起電力の向きは電源によって決められる．電流の向き，電圧降下の向きについてはまず，電源と接続される抵抗の配置から電流の流れる方向を予想し，抵抗での電圧降下は電流の流れる向きに電圧が落ちると考えて，上流側を＋，下流側を－として向きを決める．連立方程式を解いた結果，電流が－となることがあるが，その場合は流れる電流が最初に仮定した向きと逆方向になっていることを示している．

抵抗の電流と電圧をすべて求めるのに必要な式の数は，独立な式の数で決まるので，式が重複してはならない．たとえば，**図1-6**の回路のつながり具合（グラフと呼ばれる）だけを書いた**図1-7**で説明しよう．

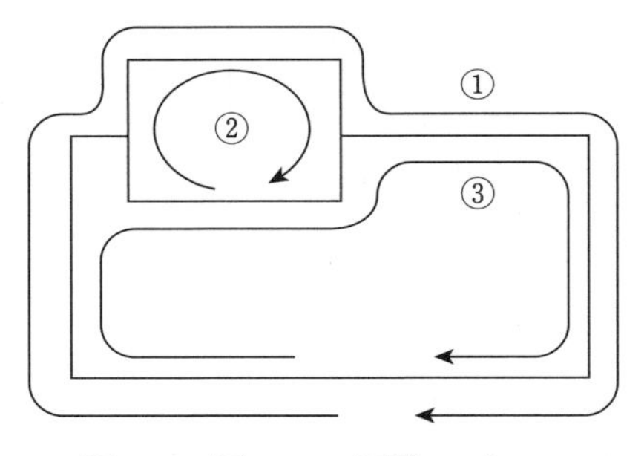

図1-7　図1-6の回路のグラフ

グラフ**図1-7**では①，②，②の3つの閉路がある．そのすべての閉路にKVLが成り立つ．閉路①のKVLは式（1-5），閉路②のKVLは式（1-6）であるが，式（1-5）と式（1-6）を加えると，$V_1+V_3=E$となり，閉路③のKVLとなる．つまり，閉路①，②，③のKVLの3つの式は独立ではなく，独立した式の数は2つであることが分かる．このように式の重複がないように効率的に閉路を選択するためには，第5章のグラフ理論が有効である．

<キルヒホッフを用いた回路の解析方法>

ここでは電源と抵抗だけで構成される回路で，電圧源の電圧と各抵抗値が分かっている場合に，抵抗に流れる電流を求める方法について述べる．

手順１　直列に接続された抵抗や並列に接続された抵抗は，合成抵抗を求めることにより回路を簡単にしておく．抵抗をまとめた結果，k個の抵抗に流れる電流が未知数となる．

手順２　k個の各抵抗に流れる電流の向きを決めて，I_1，I_2～I_kの電流を未知数として設定する．ここで各抵抗の電圧降下はオームの法則でI_1，I_2～I_kの電流で表せることを確認しておく．

手順３　回路にあるn個の節点のうち，$n-1$個だけ選んでKCLの式を立てる．

手順４　回路で求められるKVLの式を立てる．この場合，平面回路では網路と呼ばれるもっとも小さい閉路をすべて選んでKVLを立てるとよい．網路についてはメモ１を参照のこと．

メモ１　網路

右図のように内側にそれより小さい閉路を含まない，最小の閉路で構成された閉路の組み合わせ．

網の目をイメージしたらよい．

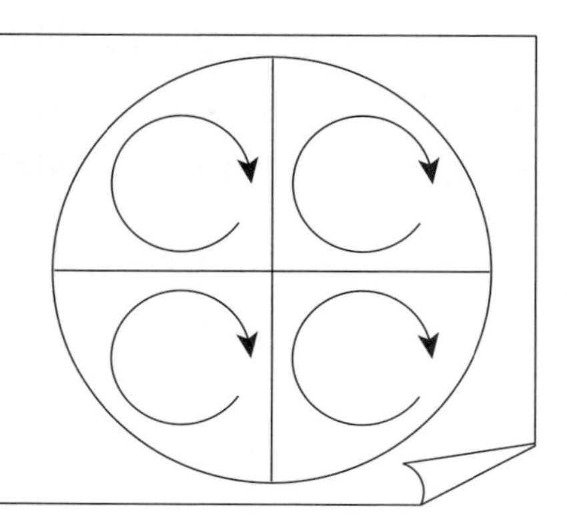

手順５　手順３，手順４で未知数の数 n だけの独立した式が得られているので，それらを連立して解けばよい．なぜ n 個の式が得られているかは，メモ２を参照のこと．連立方程式の解き方については数学のテキストを参照されたい．

メモ２　節点の数 n と抵抗の数 k，網路の数 m の関係

節点と節点をつなぐ回路を枝と呼ぶ．ここではすべての枝に抵抗が入っているものとして考えると，枝の数は全部で k 個である．

すべての節点を結ぶ最小の枝の数は $n-1$ である．そこに枝を１つ追加するごとに閉路が１個できる．枝は全部で k 個なので，追加する枝の数は $k-(n-1)=k-n+1$，したがって網路の数は $k-n+1$ である．

独立な KCL の式の数 $n-1$ に独立な網路の KVL の式の数 $k-n+1$ を加えると，独立な方程式の数は k 個となり，k 個の抵抗に流れる電流をすべて求めることができる．

回路の問題では，連立方程式をすべて解く必要のない場合が多い．連立方程式の一つの解だけを求める方法にクラメールの方法があるので，こちらも数学のテキストを参照されたい．

＜例題 1-1＞　図 1-8 の回路に流れる電流 I を求めよ．

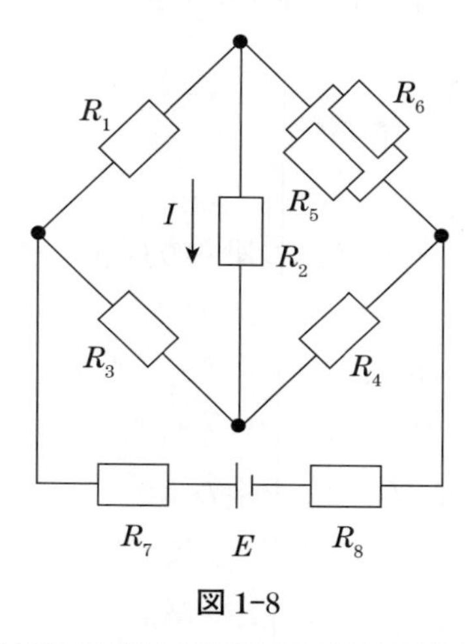

図 1-8

＜解答＞

手順 1　並列抵抗，直列抵抗は合成し，回路を簡単化する（**図 1-9** 参照）．R_5，R_6 は並列抵抗として合成する．電源と R_7，R_8 は電源と順番を変えることができるので，直列抵抗として合成する．簡単化の結果 6 つの抵抗が残った．合成抵抗は下記のとおり．

$$R_A = \frac{R_5 + R_6}{R_5 R_6},\ R_B = R_7 + R_8$$

手順 2　I_1～I_6 の 6 つの電流を未知数として設定する．求めたい電流 I は I_2 であり，連立方程式からは I_2 だけを求めればよい．

手順 3　回路にある 4 個の節点のうち，A，B，C の 3 個だけ選んで KCL の式を立てると，

$$I_6 = I_1 + I_3 \tag{1-10}$$

$$I_1 = I_2 + I_5 \tag{1-11}$$

$$I_4 + I_5 = I_6 \tag{1-12}$$

手順４　網路①から③について KVL の式を立てると，

$$R_1 I_1 + R_2 I_2 - R_3 I_3 = 0 \qquad (1\text{-}13)$$

$$R_A I_5 - R_4 I_4 - R_2 I_2 = 0 \qquad (1\text{-}14)$$

$$E = R_3 I_3 + R_4 I_4 - R_B I_6 \qquad (1\text{-}15)$$

手順５　式（1-10）～(1-15）の連立方程式を解く．式（1-11）より，

$$I_5 = I_1 - I_2 \qquad (1\text{-}11')$$

さらに　$I_4 = I_6 - I_5 = I_2 + I_3$　(1-12′)

式（1-14）に（1-11′），（1-12′）を代入し，I_5，I_4 を消去して

$$R_A (I_1 - I_2) - R_4 (I_2 + I_3) - R_2 I_2 = 0 \qquad (1\text{-}14')$$

式（1-15）に（1-10），（1-12′）を代入し，I_6，I_4 を消去して

$$E = R_3 I_3 + R_4 (I_2 + I_3) + R_B I_6 = R_B I_1 + R_4 I_2 + (R_B + R_3 + R_4) I_3 \qquad (1\text{-}15')$$

式（1-13），（1-14′），（1-15′）を連立方程式として整理すると，

$$\begin{pmatrix} R_1 & R_2 & -R_3 \\ R_A & -R_A - R_4 - R_2 & -R_4 \\ R_B & R_4 & R_3 + R_4 + R_B \end{pmatrix} \begin{pmatrix} I_1 \\ I_2 \\ I_3 \end{pmatrix} \begin{pmatrix} 0 \\ 0 \\ E \end{pmatrix} \qquad (1\text{-}16)$$

クラメールの公式によれば，

$$I = I_2 = \frac{\begin{bmatrix} R_1 & 0 & -R_3 \\ R_A & 0 & -R_4 \\ R_B & E & R_3 + R_4 + R_B \end{bmatrix}}{\begin{bmatrix} R_1 & R_2 & -R_3 \\ R_A & -R_A - R_4 - R_2 & -R_4 \\ R_B & R_4 & R_3 + R_4 + R_B \end{bmatrix}} \qquad (1\text{-}17)$$

★注意

式(1-16)，(1-17) が理解できない場合，式(1-13)，(1-14′)，(1-15′) を連立方程式として解けば十分である．

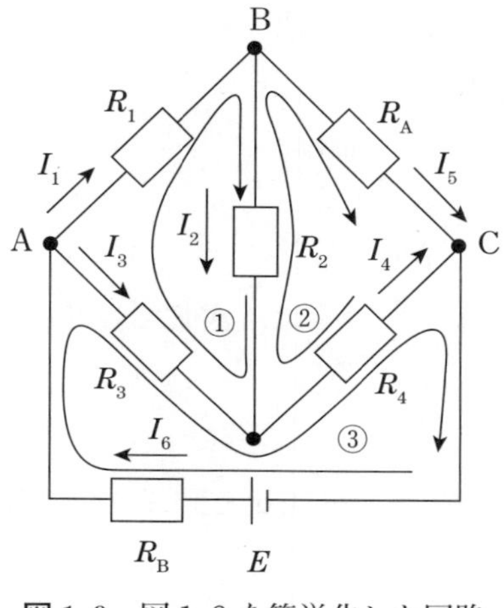

図 1-9　図 1-8 を簡単化した回路

1-3　分流と分圧

回路に流れる電流はキルヒホッフの電流則を満たすように流れており，抵抗ではキルヒホッフの電圧則が満たされるように電流の流れとともに電圧が降下する．ここでは，並列の場合にどのように電流が分配されるか，直列の場合，どのように電圧降下が分担されるかを計算する方法として，**分流**，**分圧**の考え方を説明する．

分流の原理を利用し，定格電流の小さな電流計でより大きい電流を計るための回路を**分流器**という．

また，分圧の原理を利用し，定格電圧の低い電圧計でより高い電圧を計るための回路を**分圧器**という．

(1)　分流

図 1-10 の回路に流れる電流を考える．

R_1，R_2 に流れる電流の大きさの関係を求めてみよう．R_1，R_2 の電

圧降下は等しいので，オームの法則から

$$V=R_1I_1=R_2I_2 \quad (1\text{-}18)$$

したがって，

$$I_1 : I_2=\frac{1}{R_1} : \frac{1}{R_2} \quad (1\text{-}19)$$

そこで，I_1 を I によって表せば，次式で表せる．

$$I_1=\frac{R_2}{R_1+R_2}I \quad (1\text{-}20)$$

その比 $\left(\frac{R_2}{R_1+R_2}\right)$ を I_1 の**分流比**と呼ぶ．分流比は抵抗値の逆数の比（逆比）になっている．

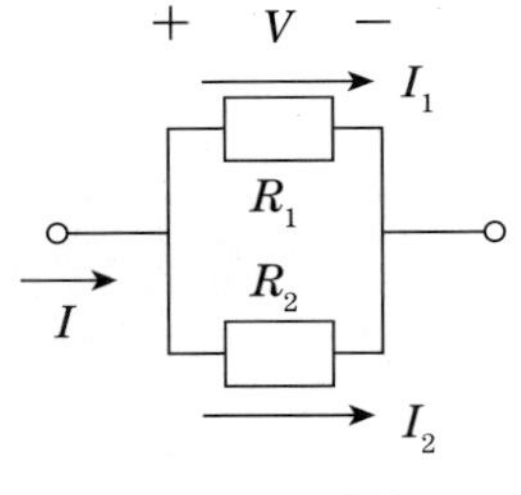

図 1-10　分流

(2)　分圧

図 1-11 の回路の電圧を考える．R_1，R_2 に加わる電圧の大きさの関係を求めてみよう．R_1，R_2 に流れる電流はともに I なので，オームの法則から

$$V_1=R_1I,\quad V_2=R_2I \quad (1\text{-}21)$$

したがって，

$$V=V_1+V_2=(R_1+R_2)I \quad (1\text{-}22)$$

そこで，V_1 を V によって表せば，

$$V_1=\frac{R_1}{R_1+R_2}V \quad (1\text{-}23)$$

となり，その比 $\left(\dfrac{R_2}{R_1+R_2}\right)$ を V_1 の**分圧比**と呼ぶ．電圧は抵抗値に比例して分配されることがわかる．

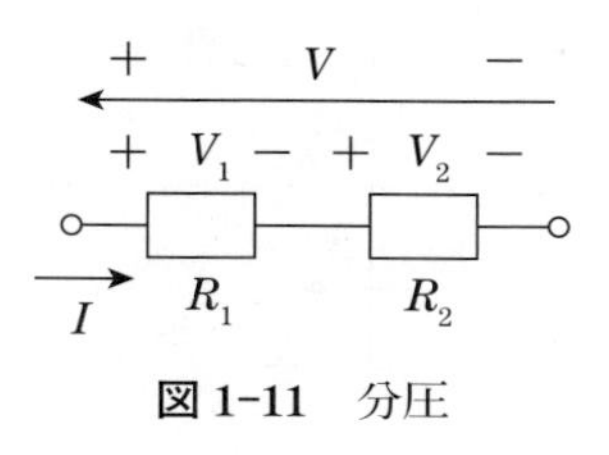

図 1-11　分圧

<例題 1-2>　10 mA まで計測できる電流計を用いて，1 A まで測定できるような電流計を構成したい．電流計の内部抵抗を 10 mΩ とする時，並列に接続すべき抵抗の値を求めよ．

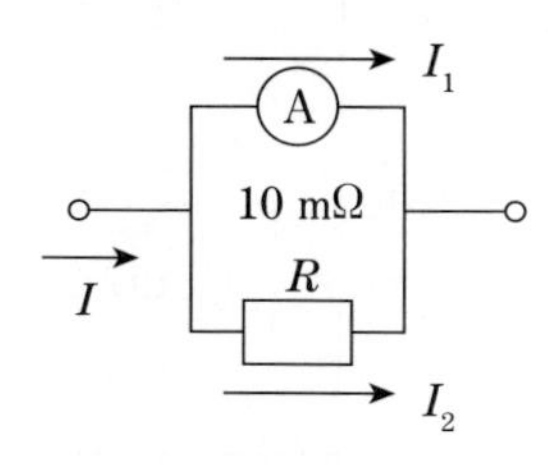

図 1-12　電流計の分流

<解答>

I_2 は 1000−10=990 mA となる．そこで電流計での電圧降下と R での電圧降下が等しいことから，

$$R\times 990\times 10^{-3}=10\times 10^{-3}\times 10\times 10^{-3}$$

したがって，$R=\dfrac{10\times 10^{-3}\times 10\times 10^{-3}}{990\times 10^{-3}}=0.10\times 10^{-3}$

R は 0.10 mΩ となる．この時の回路全体の抵抗は，ほぼ分流器の抵抗値に等しい．

<例題 1-3>　定格電流 100 μA，内部抵抗 1 kΩ の電流計に，抵抗 R（倍率器と呼ばれる）を**図 1-13** のように接続し，定格電圧 100 V の電圧計を構成するために必要な R を求めよ．

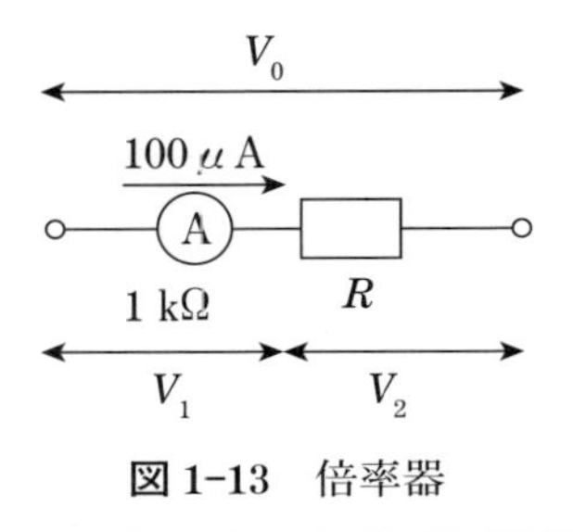

図 1-13　倍率器

<解答>

電流計には $1\times10^3\times100\times10^{-6}=0.1$ V の電圧降下が生じる．

電流計と倍率器は V_1，V_2 に分圧され，V_1+V_2 が 100 V となればよい．したがって，

$$V_1 : V_1+V_2=0.1 : 100$$

したがって $V_2=99.9$ V となり，$R=99.9/(100\times10^{-6})=999$ kΩ

<例題 1-4>　定格 100 V，内部抵抗 1 MΩ の電圧計に分圧器 R を接続して，定格 1000 V の電圧計を構成したい．R をいくらとすればよいか．

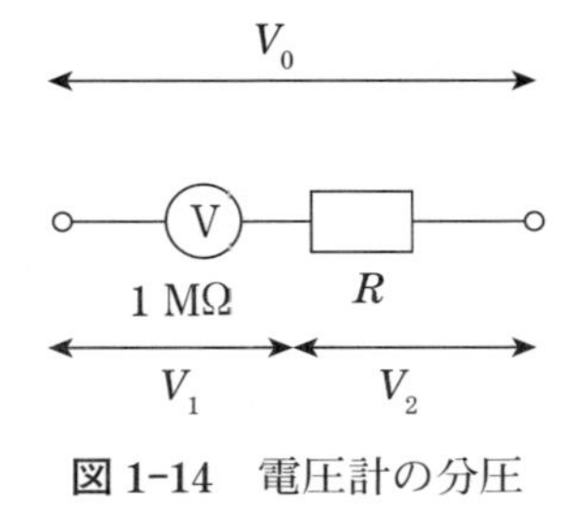

図 1-14　電圧計の分圧

第1章 第2章 第3章 第4章 第5章 第6章 第7章 第8章 第9章 第10章 章末問題解答

＜解答＞

流れる電流が同一なので，電圧の比は抵抗の比となる．

$$V_1 : V_1 + V_2 = 100 : 1000 = 1\times 10^6 : 1\times 10^6 + R$$

したがって，$R = 9\times 10^6 = 9\ \mathrm{M\Omega}$

1-4　電力の計算

回路で消費される電力は対象とする回路の部分の電圧と電流の積により求められる．電圧源 E と内部抵抗 R_i からなる電源に負荷となる可変抵抗 R_o を接続した**図 1-15** の回路を考える．

回路を流れる電流 I とすると

$$I = \frac{E}{R_\mathrm{i} + R_\mathrm{o}} \tag{1-24}$$

R_o で消費される電力は

$$P = R_\mathrm{o} I \times I = \frac{R_\mathrm{o} E^2}{(R_\mathrm{i} + R_\mathrm{o})^2} \tag{1-25}$$

R_o を変化させる場合，$R_\mathrm{o} = R_\mathrm{i}$ のとき，負荷電力 P は最大となって，

$$P = \frac{E^2}{4R_\mathrm{i}} \tag{1-26}$$

となる．これを**供給電力最大の法則**と呼び，負荷電力が最大となる抵抗が内部抵抗に等しい条件を**整合**（matching）と呼ぶ．

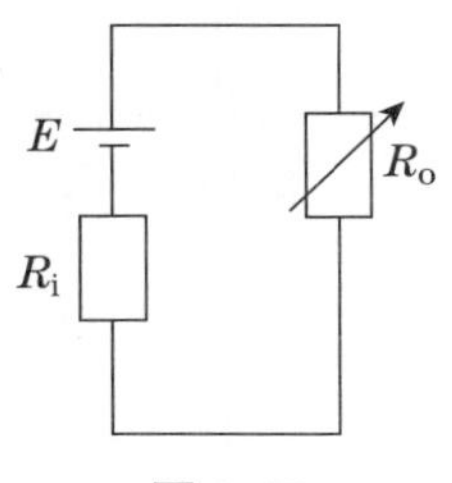

図 1-15

★注意

電力が最大となる条件を導出するためには，式（1-25）の導関数の導出が必要である．微分未習者は章末問題１の**5**の方法で最大電力を求めることができる．

章末問題 1

1　図 1-16 の各回路の合成抵抗を求めよ．

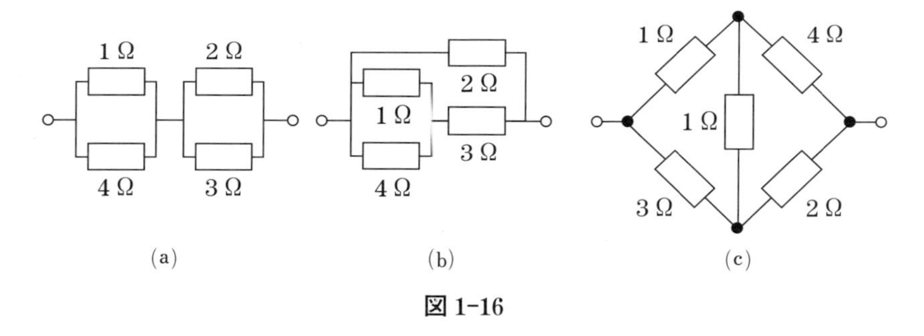

図 1-16

2　図 1-17 の回路で電流 I を求めよ．

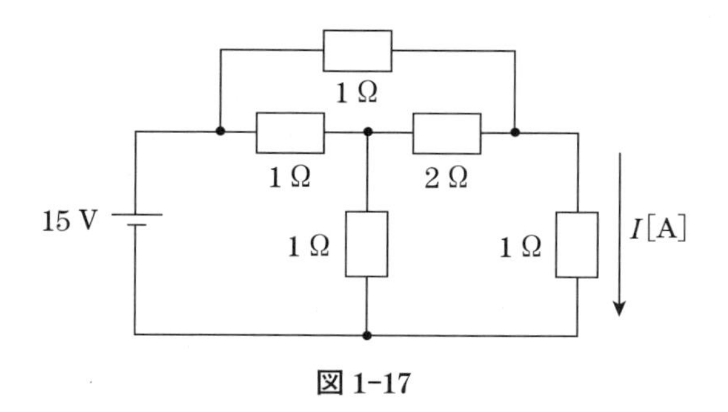

図 1-17

3 図 1-18 の回路で電流 I を求めよ．

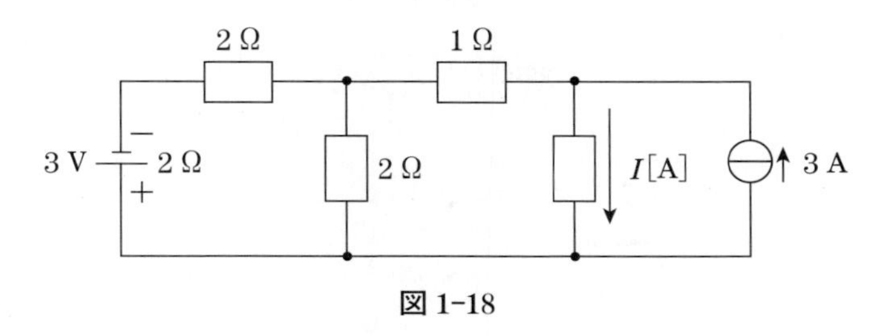

図 1-18

4 図 1-19 の回路で電流 I を求めよ．

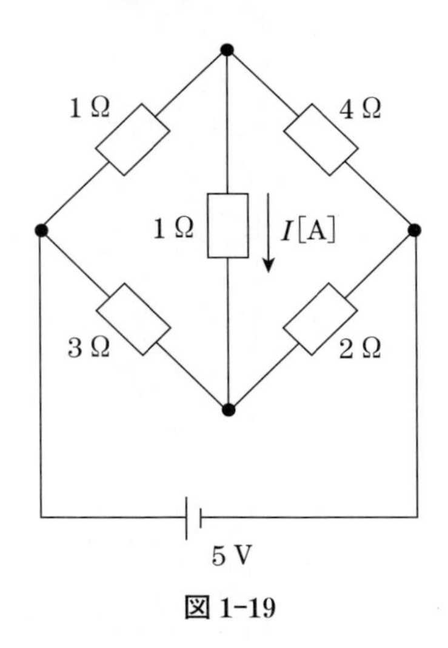

図 1-19

5 図 1-15 の回路について，次の手順により負荷電力の最大値ならびに電力が最大となる条件を求めよ．

(1) R_0 での電力 P を電流 I，内部抵抗 R_i，電源電圧 E を用いて表せ．

(2) (1)の式のうち変数と考えられるのは I のみであるので，P を I の 2 次関数と考え最大値を求めよ．

(3) (2)で P が最大となるときの R_0 を求めよ．

第２章　交流回路の基礎とフェーザ法

第１章で学んだ直流だけでは実用的な回路は取り扱えない．より実用的な回路として交流回路の解析の基礎を学ぶ．一般に交流として取り扱う回路は正弦波交流で表せる電源に負荷がつながれた回路になっており，そこに流れる電流，電圧ならびに電力の計算方法を学ぶ．交流の基礎となるこの章で扱う交流は正弦波交流であり，一定の周期で一定の大きさの電源を対象としている．そのような回路の解析は６章で学ぶ過渡解析に対し，定常解析もしくは実効値解析と呼ばれる．定常解析では時間関数である三角関数を大きさ（振幅や実効値）と位相を要素にした複素数で表現するフェーザ法を導入する．直流の抵抗に相当する負荷は交流では抵抗，コイル，コンデンサからインピーダンスで表す．フェーザ法ではインピーダンスを複素数で表して計算を行う．

☆この章で使う基礎事項☆

交流電圧は直流電圧と異なり，＋，－の電圧の極性が時間ごとに反転する．代表的な交流電圧としては三角関数（正弦関数）が用いられ，$v(t)=A\sin(\omega t+\theta)$ と表される．A を**振幅**（または最大値），ω を**角周波数**（または角速度），θ を**初期位相**と呼ぶ．

基礎 2-1　三角関数のグラフ

三角関数 $v=A\sin\omega t$ のグラフは**図 2-1** となる．$v=A\sin(\omega t+\theta)$ のように，初期位相 θ がある場合はグラフが左もしくは右にずれる．初期位相 θ が正の時，$v=A\sin(\omega t+\theta)=A\sin\omega(t+\theta/\omega)$ のグラフは元のグラフより，θ/ω だけ左にずれる．この関係を θ **進み**と呼ぶ．初期位相が負の時，$v=A\sin(\omega t-\theta)=A\sin\omega(t-\theta/\omega)$ のグラフは θ/ω だけ右にずれる．この関係を θ 遅れと呼ぶ．θ **遅れ**とは初期位相 0 の $y=A\sin\omega t$ と同じ値を示すのが時間で θ/ω だけ，位相的には θ 遅れることを示している．

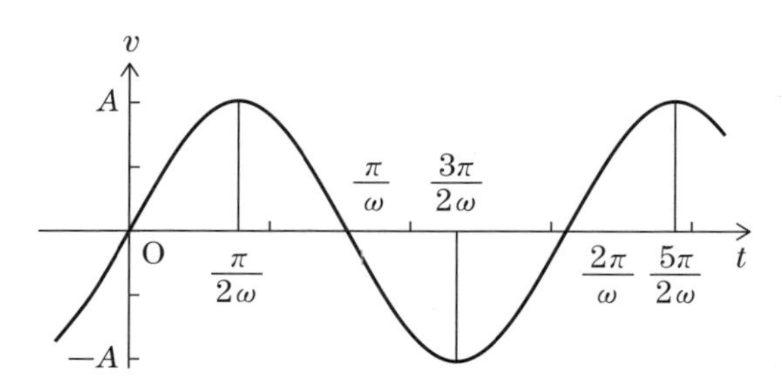

図 2-1　三角関数のグラフ

基礎 2-2　複素数の計算公式

電気系では電流の表記 $i(t)$ との混同を避けるため，複素数の表記に使用する i を j と表す．

☆この章で使う基礎事項☆

複素数の表記には，実数成分と虚数成分の和で表記する**直交座標系**（$\alpha+\mathrm{j}\theta$）と，複素数の大きさと実数軸との成す角度で表記する**極座標系**（$A\mathrm{e}^{\mathrm{j}\theta}$）がある．

直交座標系は和，差の計算に適しており，和差積商の計算公式は下記のとおりである．

- 和，差　$(\alpha_1+\mathrm{j}\beta_1)\pm(\alpha_2+\mathrm{j}\beta_2)=(\alpha_1+\alpha_2)\pm\mathrm{j}(\beta_1+\beta_2)$　(2-1)
- 積　$(\alpha_1+\mathrm{j}\beta_1)\times(\alpha_2+\mathrm{j}\beta_2)=(\alpha_1\alpha_2-\beta_1\beta_2)+\mathrm{j}(\alpha_1\beta_2+\alpha_2\beta_1)$　(2-2)
- 商

$$\frac{(\alpha_1+\mathrm{j}\beta_1)}{(\alpha_2+\mathrm{j}\beta_2)}=\frac{(\alpha_1+\mathrm{j}\beta_1)}{(\alpha_2+\mathrm{j}\beta_2)}\frac{(\alpha_2-\mathrm{j}\beta_2)}{(\alpha_2-\mathrm{j}\beta_2)}=\frac{(\alpha_1\alpha_2+\beta_1\beta_2)+\mathrm{j}(\alpha_2\beta_1-\alpha_1\beta_2)}{{\alpha_2}^2+{\beta_2}^2}\qquad(2\text{-}3)$$

極座標系は積，商の計算に適しており，計算公式は下記のとおりである．

- 積　$(A\mathrm{e}^{\mathrm{j}\theta})\times(B\mathrm{e}^{\mathrm{j}\phi})=AB\mathrm{e}^{\mathrm{j}(\theta+\phi)}$　(2-4)
- 商　$(A\mathrm{e}^{\mathrm{j}\theta})\div(B\mathrm{e}^{\mathrm{j}\phi})=\dfrac{A}{B}\mathrm{e}^{\mathrm{j}(\theta-\phi)}$　(2-5)

次のオイラーの公式によって，それらは相互に変換可能である．

$$\mathrm{e}^{\mathrm{j}\theta}=\cos\theta+\mathrm{j}\sin\theta\qquad(2\text{-}6)$$

図 2-2 のように複素数は複素平面上で座標（もしくは原点を始点とする）ベクトルによって表せる．

極座標系（$A\mathrm{e}^{\mathrm{j}\theta}$）から直交座標系への変換は，オイラーの公式をそのまま当てはめると次式となる．

$$\alpha+\mathrm{j}\beta=A\cos\theta+\mathrm{j}A\sin\theta\qquad(2\text{-}7)$$

直交座標系（$\alpha+\mathrm{j}\beta$）から極座標系への変換は，ベクトルの長さ，角度を求めることにより，次式で表される．

$$A\mathrm{e}^{\mathrm{j}\theta}=\sqrt{\alpha^2+\beta^2}\,\mathrm{e}^{\mathrm{j}\theta}\quad ただし，\theta=\tan^{-1}(\beta/\alpha)\qquad(2\text{-}8)$$

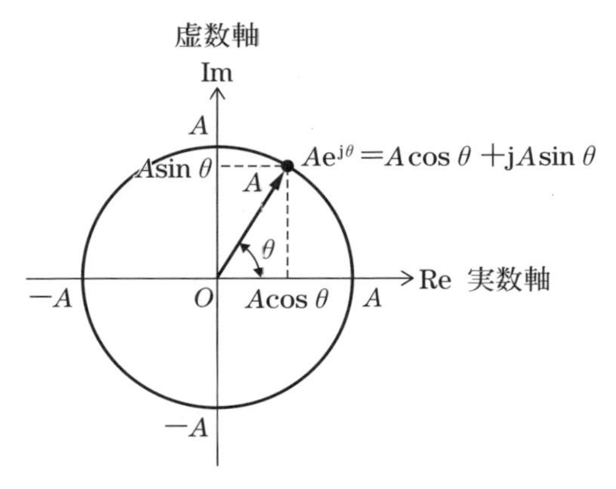

図 2-2　複素数の複素平面上での表示

基礎 2-3　交流回路で対象とする素子の種類

回路で使用される素子の基本的な要素として，抵抗，コイル，コンデンサがあり，詳細を表 2-1 に示す．

表 2-1

素子	量記号	単位(記号)	回路図記号
抵　抗	R	オーム [Ω]	（慣用的に ─WW─ も使う）
コイル	L (インダクタンス)	ヘンリー [H]	
コンデンサ	C (容量，キャパシタンス)	ファラド [F]	

2-1　交流電圧，電流の表現（フェーザ法）

正弦波交流電圧は時間 t[s] の関数として，$v(t)=V_m\sin(\omega t+\theta)=\sqrt{2}\,V\sin(\omega t+\theta)$ [V] のように表される．V_m は交流の振幅で，V は

交流の**実効値**と呼ばれる．通常交流の計算には実効値 V が用いられる．振幅 V_{m} と実効値 V には $V_{\mathrm{m}}=\sqrt{2}\,V$ の関係があるが，詳細は4章で説明する．家庭用コンセントの電圧 100 V というのは実効値 100 V のことを表しているので，AC100 V の交流電圧源の振幅は $100\sqrt{2}\,V$ となっている．また ω[rad/s] は角周波数を表し，交流の周波数 f[Hz] と $\omega=2\pi f$ の関係がある．θ[rad] は初期位相と呼ばれ，時間 $t=0$ s の時の位相を表している．

ここでは交流の電圧を，複素数を用いて表現する**フェーザ法**について説明する．

フェーザ法での時間関数 $v(t)$ と複素表現 $\dot{V}$（フェーザ，もしくは複素ベクトルと呼ぶ場合もある）の変換規則を**図 2-3** に示す．

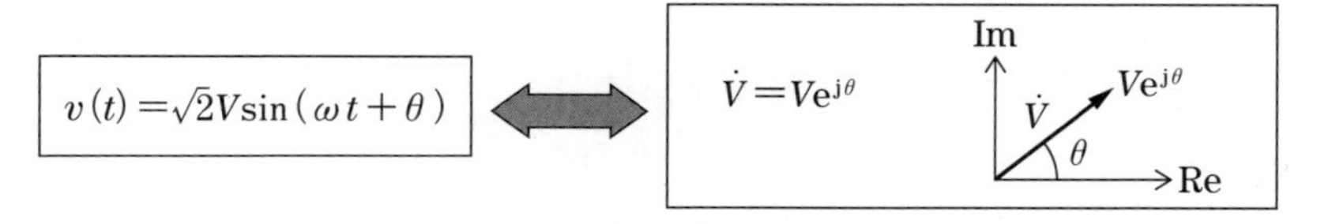

図 2-3　時間関数とフェーザの変換規則

図 2-3 で示すとおり，**電圧フェーザ**は三角関数で表された電圧の実効値 V を大きさとし，初期位相 θ を位相角とするベクトルで表記し，同時にその複素平面上での極座標表示 $V\mathrm{e}^{\mathrm{j}\theta}$ を使用して表している．

交流電流の表記も全く同様で，

$$i(t)=I_{\mathrm{m}}\sin(\omega t+\phi)=\sqrt{2}\,I\sin(\omega t+\phi)\ [\mathrm{A}]$$

で表された電流を**電流フェーザ** $\dot{I}=I\mathrm{e}^{\mathrm{j}\phi}$ と表す．

<例題 2-1>　AC100 V の電圧に対し，電流が 45 度遅れ，その振幅が 50 A である時，電圧，電流のフェーザを求め，ベクトルを複素平面上に書け．ただし，電圧の初期位相は0度とする．

＜解答＞

電圧の初期位相は０度なので，$\dot{V}=100\,\mathrm{e}^{\mathrm{j}0}$，電流は $\dot{I}=25\sqrt{2}\,\mathrm{e}^{\mathrm{j}(-\pi/4)}$．ベクトルで表す場合は，大きさ（実効値）が長さとなる．

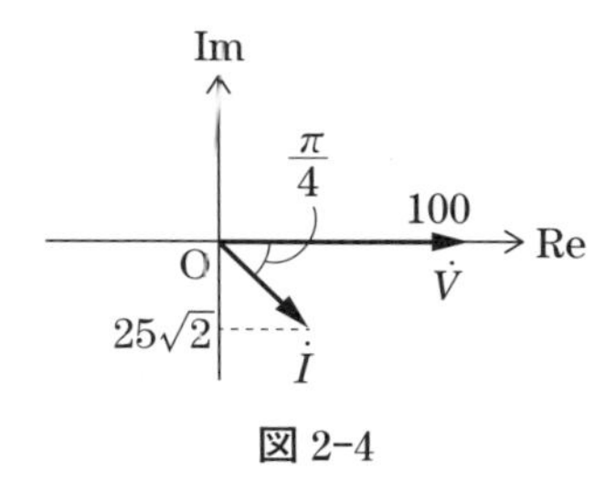

図 2-4

2-2　回路のインピーダンス，アドミタンスの計算

(1)　インピーダンス，アドミタンス

交流回路で直流抵抗に相当するものを**インピーダンス** $\dot{Z}$ で表す．インピーダンス $\dot{Z}$ は一般に複素数として表せ，$Z=R+\mathrm{j}X$ の直交座標形式，もしくは大きさと位相角を用いて，$\dot{Z}=Z\mathrm{e}^{\mathrm{j}\theta}$ という極形式で表せる．**図 2-5** で表すように，素子のインピーダンス $\dot{Z}$ に電圧フェーザを加えた場合の電流フェーザと電圧フェーザの関係は，オームの法則として表せる．

$$\dot{V}=\dot{Z}\times\dot{I} \tag{2-9}$$

すなわち $\dot{Z}$ は直流回路の抵抗 R と同じように，電流の流れにくさ

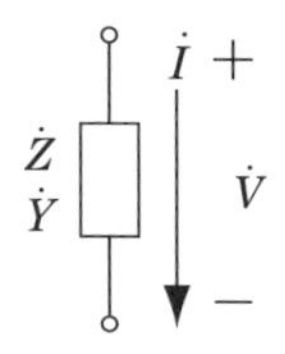

図 2-5　素子の電流，電圧

を表すことがわかる．また，$\dot{Z}$ の逆数となるアドミタンス $\dot{Y}$ は，電流，電圧フェーザと次式の関係となる．

$$\dot{I}=\dot{Y}\times\dot{V} \tag{2-10}$$

交流回路のインピーダンスは回路の素子によって異なる．回路に加えられる交流電圧の角周波数を ω とすると，各素子のインピーダンス $\dot{Z}$，アドミタンス $\dot{Y}$ は表 2-2 のようになる．

表 2-2

	インピーダンス $\dot{Z}$	アドミタンス $\dot{Y}$
抵　抗	R	$1/R$
コイル	$\mathrm{j}\omega L$	$\dfrac{1}{\mathrm{j}\omega L}$
コンデンサ	$\dfrac{1}{\mathrm{j}\omega C}$	$\mathrm{j}\omega C$

抵抗は回路の角周波数 ω に関係がなく一定である．コイルのインピーダンスは ω に比例し，周波数が高い交流ほど流れにくいこと，直流では ω がゼロでインピーダンスがゼロになることがわかる．一方，コンデンサのインピーダンスは角周波数に反比例するので，周波数が高いほど流れやすく，直流では逆にインピーダンスが無限大となり，流れないことがわかる．

<例題 2-2>　$\omega=100$ rad/s とする時，下記の素子のインピーダンスを求めよ．

(1)　$L=100$ mH　　(2)　$C=500\ \mu$F

<解答>

(1)　j10 Ω　　(2)　−j20 Ω

<例題 2-3>　60 Hz100 V の交流電源に下記の素子を接続した場合に流れる電流の大きさを求めよ．

(1)　$L=100\ \mathrm{mH}$　　(2)　$C=500\ \mu\mathrm{F}$　　(3)　$R=10\ \Omega$

<解答>

(1)　2.65 A　　(2)　18.8 A　　(3)　10 A

(2)　合成インピーダンス，アドミタンス

素子を直列や並列に接続した場合には，直流回路の合成抵抗と同じように合成インピーダンス，アドミタンスを求めることができる．合成インピーダンスは直交座標系で $R+\mathrm{j}X$ と表せる．この場合の X をリアクタンスと呼ぶ．合成アドミタンスは直交座標系で $G+\mathrm{j}B$ と表せる．G をコンダクタンス，B をサセプタンスと呼ぶ．また直交座標系で表されたインピーダンス，アドミタンスは極座標系に変換が可能である．

- 直列接続　$\dot{Z}_1$，$\dot{Z}_2$ を直列に接続した合成インピーダンスは

$$\dot{Z}=\dot{Z}_1+\dot{Z}_2$$

$\dot{Y}_1$，$\dot{Y}_2$ を直列に接続した合成アドミタンスは

$$\dot{Y}=\frac{\dot{Y}_1\cdot\dot{Y}_2}{\dot{Y}_1+\dot{Y}_2}$$

- 並列接続　$\dot{Z}_1$，$\dot{Z}_2$ を並列に接続した合成インピーダンスは

$$\dot{Z}=\frac{\dot{Z}_1\cdot\dot{Z}_2}{\dot{Z}_1+\dot{Z}_2}$$

$\dot{Y}_1$，$\dot{Y}_2$ を並列に接続した合成アドミタンスは

$$\dot{Y}=\dot{Y}_1+\dot{Y}_2$$

＜例題 2-4＞　**図 2-6** の回路のインピーダンスを求めよ．また直交座標系で表されたインピーダンスを極座標系に変換せよ．

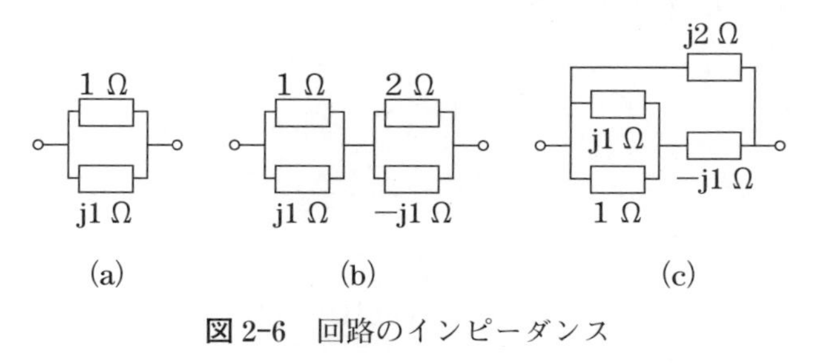

図 2-6　回路のインピーダンス

＜解答＞

直交座標系 (a) $(1+\mathrm{j}1)/2\ \Omega$　(b) $(9-\mathrm{j}3)/10\ \Omega$　(c) $(4-\mathrm{j}2)/5\ \Omega$

極座標系　(a) $\dfrac{\sqrt{2}}{2}\mathrm{e}^{\mathrm{j}\frac{\pi}{4}}$　　(b) $\dfrac{3\sqrt{10}}{10}\mathrm{e}^{-\mathrm{j}\theta},\ \theta=\tan^{-1}\left(\dfrac{1}{3}\right)$

(c) $\dfrac{2\sqrt{5}}{5}\mathrm{e}^{-\mathrm{j}\theta},\ \theta=\tan^{-1}\left(\dfrac{1}{2}\right)$

2-3　フェーザを利用した交流回路計算の基本

ここでは電圧源にインピーダンスを接続した場合に流れる電流のフェーザを利用した求め方を説明する．

(1)　抵抗に流れる電流

図 2-7 (a) のように交流電圧源に抵抗を接続した場合の電流は，

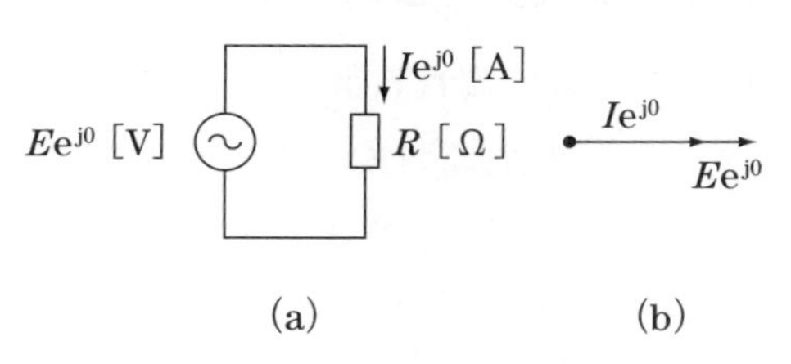

図 2-7　電圧源と抵抗の接続

$I=Ee^{j0}/R=\dfrac{E}{R}e^{j0}$ となり，電流と電圧は同図（b）のように同じ向きのベクトルで表される．電流の大きさは $I=E/R$ となる．

(2)　コイルに流れる電流

図 2-8（a）のように交流電圧源にコイルを接続した場合の電流は，$I=E\,e^{j0}/j\,\omega L=\dfrac{E}{\omega L}e^{j(-\pi/2)}$ となり，同図（b）のように電流は電圧の（$\pi/2$）遅れで表される．電流の大きさは $I=E/\omega L$ となる．

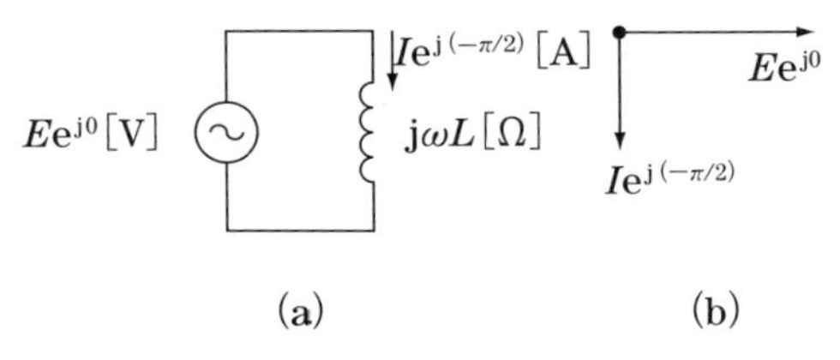

図 2-8　電圧源とコイルの接続

(3)　コンデンサに流れる電流

図 2-9（a）のようにに交流電圧源にコンデンサを接続した場合の電流は，$I=Ee^{j0}\Big/\left(\dfrac{1}{j\,\omega C}\right)=\omega CEe^{j(\pi/2)}$ となり，同図（b）のように電流は電圧の（$\pi/2$）進みで表される．電流の大きさは $I=\omega CE$ となる．

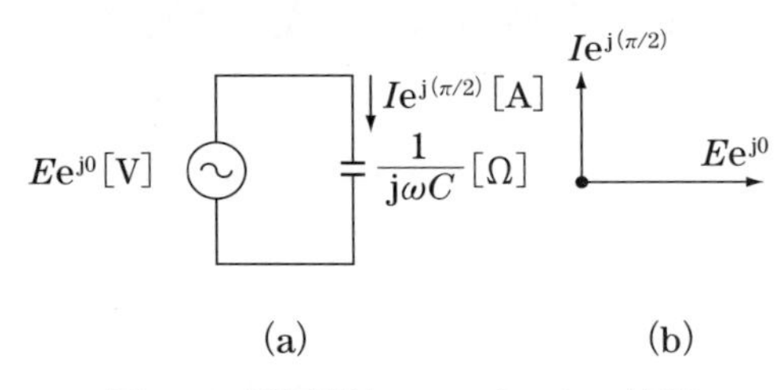

図 2-9　電圧源とコンデンサの接続

(4)　合成インピーダンスに流れる電流

合成インピーダンスは極座標形式で $\dot{Z}=Ze^{j\theta}$ と表すことができる．その回路と電圧源を接続した回路を**図 2-10** に示す．回路に流れる電流 $i(t)$ のフェーザは次式のように交流のオームの法則で求めることができる．

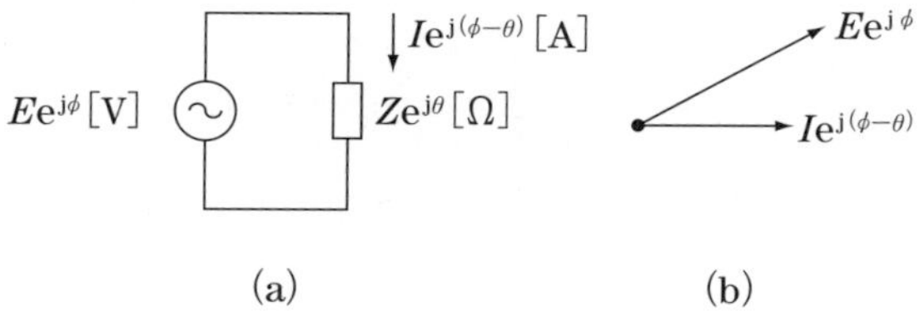

(a) (b)

図 2-10 電圧源とインピーダンス $\dot{Z}$ との接続

$$\dot{I}=\frac{E\mathrm{e}^{\mathrm{j}\phi}}{Z\mathrm{e}^{\mathrm{j}\theta}}=\frac{E}{Z}\,\mathrm{e}^{\mathrm{j}\,(\phi-\theta)} \tag{2-11}$$

I の大きさは $I=E/Z$ で求められる．

この結果から電源の電圧

$$v\,(t)=\sqrt{2}\,E\sin\,(\omega t+\phi) \tag{2-12}$$

に対し，回路を流れる電流 $i\,(t)$ は

$$i\,(t)=\sqrt{2}\left(\frac{E}{Z}\right)\sin\,(\omega t+\phi-\theta) \tag{2-13}$$

であることがわかる．

＜例題 2-5＞　**図 2-11** の回路を電圧源 $v\,(t)=100\sqrt{2}\,\sin\,\omega t\,[\mathrm{V}]$ に接続した．下記の問いに答えよ．ただし $\omega=500\,\mathrm{rad/s}$ とする．

(1) 回路 (a)～(c) のインピーダンスを求めよ．さらに極座標系式で表せ．

(2) 回路 (a)～(c) に流れる電流のフェーザと時間関数を求めよ．

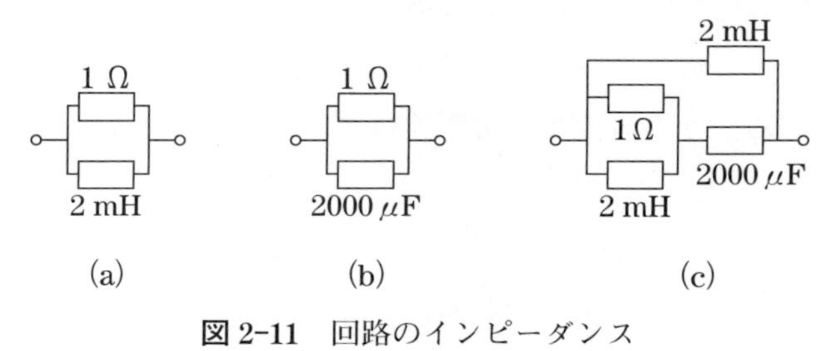

図 2-11 回路のインピーダンス

＜解答＞

⑴　直交座標系　(a)　$(1+\mathrm{j}1)/2\,\Omega$　(b)　$(1-\mathrm{j}1)/2\,\Omega$　(c)　$1\,\Omega$

極座標系　(a) $\frac{\sqrt{2}}{2}\mathrm{e}^{\mathrm{j}\frac{\pi}{4}}\,\Omega$　(b) $\frac{\sqrt{2}}{2}\mathrm{e}^{-\mathrm{j}\frac{\pi}{4}}\,\Omega$　(c) $1\,\mathrm{e}^{\mathrm{j}0}\,\Omega$

⑵　フェーザ（実効値）　(a) $100\sqrt{2}\,\mathrm{e}^{-\mathrm{j}\frac{\pi}{4}}\,\mathrm{A}$　(b)　$100\sqrt{2}\,\mathrm{e}^{\mathrm{j}\frac{\pi}{4}}\,\mathrm{A}$

(c)　$100\,\mathrm{e}^{\mathrm{j}0}\,\mathrm{A}$

時間表示　(a) $200\sin\left(\omega t-\frac{\pi}{4}\right)[\mathrm{A}]$　(b)　$200\sin\left(\omega t+\frac{\pi}{4}\right)[\mathrm{A}]$

(c) $100\sqrt{2}\sin\omega t\,[\mathrm{A}]$

＜例題 2-6＞　$1\,\Omega$ の抵抗と $2\,\mathrm{mH}$ のコイルの直列回路を電圧源 $v(t)=100\sqrt{2}\,\sin 500\,t\,[\mathrm{V}]$ に接続した．流れる電流の大きさ，流れる電流の時間関数を求めよ．

＜解答＞

電流の大きさ　$50\sqrt{2}$ A，電流の時間関数　$100\sin\left(500\,t-\frac{\pi}{4}\right)[\mathrm{A}]$

2-4　フェーザを利用した交流回路計算の応用

⑴　交流回路における分流，分圧

第１章において直流回路における分流，分圧を学んだが，その計算は基本的には交流でも同じである．交流の場合インピーダンスが複素数となるため，その分流比，分圧比は複素数を含んだ値となる．

①分流

１章の直流の場合と同じように考えて，**図 2-12** において，$\dot{I}_1$ を $\dot{I}$ によって表せば，次式が導かれる．

$$\dot{I}_1=\frac{\dot{Z}_2}{\dot{Z}_1+\dot{Z}_2}\dot{I} \tag{2-14}$$

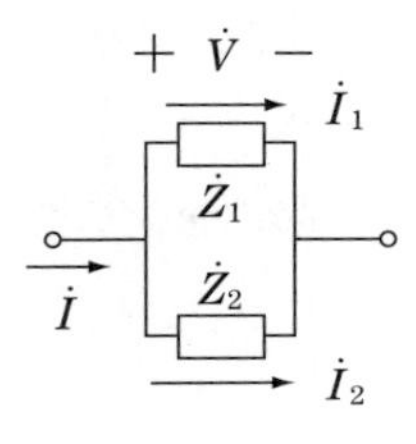

図 2-12　分流

②分圧

図 2-13 の回路の電圧を考える．$\dot{V}_1$ を $\dot{V}$ によって表せば，次式が導かれる．

$$\dot{V}_1=\frac{\dot{Z}_1}{\dot{Z}_1+\dot{Z}_2}\dot{V} \tag{2-15}$$

電圧はインピーダンスの比で分配されることがわかる．

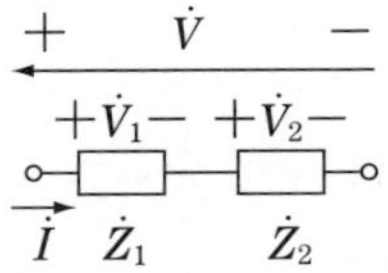

図 2-13　分圧

(2)　電流と電圧の位相の関係

インピーダンスを流れる電流と電圧の位相差は，オームの法則で $\dot{Z}=R+\mathrm{j}X$ の位相角となることがわかる．そこで次のような場合にインピーダンスをどう考えるか整理する．

①電圧と電流が同位相の場合

インピーダンスは抵抗成分のみとなり，**リアクタンス**（インピーダンスの虚部）はゼロとなる．

②電流が $\pi/4$ 遅れの場合（通常電圧を基準とするので，単に $\pi/4$ 遅れと表現する場合もある）

リアクタンス＝抵抗となる．リアクタンスは正で誘導性．回路はコイルの特性を示す．

③電流が $\pi/4$ 進みの場合（通常電圧を基準とするので，単に $\pi/4$ 進みと表現する場合もある）

リアクタンス＝－抵抗となり，リアクタンスは負で容量性となり，回路はコンデンサの特性を示す．

④電流が $\pi/2$ 遅れの場合

純粋なインダクタンス（コイル）で，抵抗はゼロ．

⑤電流が $\pi/2$ 進みの場合

純粋なキャパシタンス（コンデンサ）で，抵抗はゼロ．

⑥電流，電圧の位相差が $\pi/6$，$\pi/3$ の場合

抵抗：リアクタンスの比が既知．

⑦上記以外の位相差では，位相角が $\tan^{-1}(X/R)$ により求められる．

(3)　直列共振回路

図 2-14 の RLC 直列回路のインピーダンスを考える．直列回路のインピーダンス $\dot{Z}$ は次式で求められる．

$$\dot{Z}=R+\mathrm{j}\omega L+\frac{1}{\mathrm{j}\omega C}=R+\mathrm{j}\left(\omega L-\frac{1}{\omega C}\right)$$

$$=\sqrt{R^2+\left(\omega L-\frac{1}{\omega C}\right)^2}\cdot \mathrm{e}^{\mathrm{j}\theta},\ \theta=\tan^{-1}\left(\frac{\omega L-\dfrac{1}{\omega C}}{R}\right) \quad (2\text{-}16)$$

またベクトル図を**図 2-15** に示す．$\mathrm{j}\omega L+1/\mathrm{j}\omega C$ の符号が正ならば，θ の符号も正となり，回路は誘導性を示す．一方，符号が負ならば，θ の符号も負となり，回路は容量を示す．ここで，

$$\mathrm{j}\omega L+\frac{1}{\mathrm{j}\omega C}=0 \quad (2\text{-}17)$$

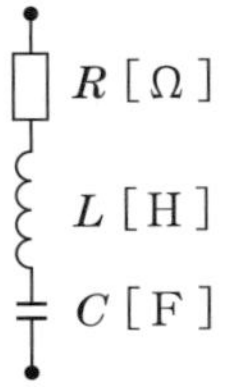

R [Ω]
L [H]
C [F]

図 2-14 RLC 直列回路

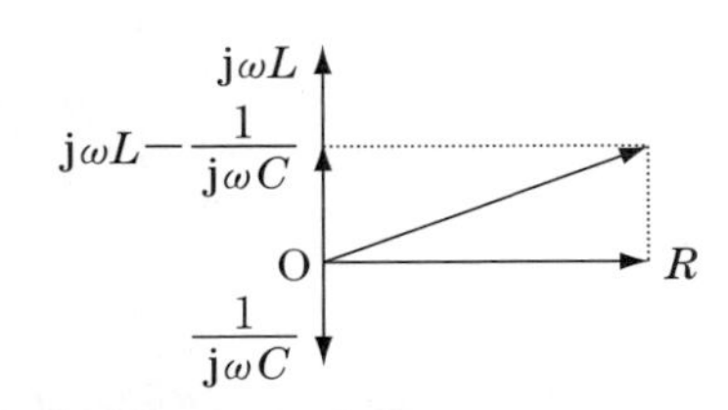

図 2-15 RLC 直列回路ベクトル図

となるとき，回路のインピーダンスのリアクタンスはゼロとなり，インピーダンスは最小となる．この状態を**直列共振**と呼ぶ．回路の L, C に対し，直列共振となる周波数を**共振周波数** f_0 と呼び，**図 2-16** に示すように回路を流れる電流は最大となる．

$$f_0 = \frac{1}{2\pi\sqrt{LC}} \tag{2-18}$$

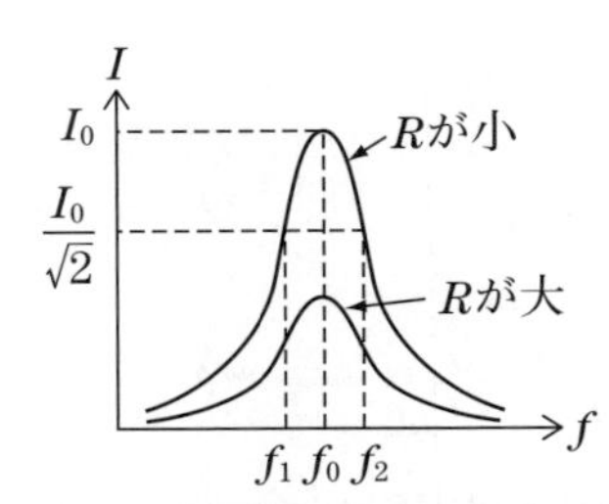

図 2-16 RLC 直列回路の電流周波数特性

また R が大きい時に比べ，R が小さい時は電流のピークが先鋭となっている．

実際のコイルは，銅線を巻いてコイルを作成する段階で銅線の抵抗が含まれてしまい，**図 2-17** のような回路で表せる．その時，回路に含まれる R が小さいほど回路素子としての性能が良いことから，**回路の良さ Q 値**（quality）を次式で定義する．

$$Q = \frac{\omega_0 L}{R} \tag{2-19}$$

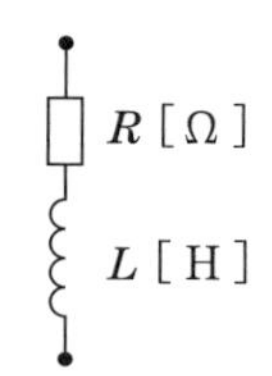

図 2-17　実際のコイルの等価回路

また**図 2-16** に示すように電流値が共振時 I_0 の，$1/\sqrt{2}$ 倍になる周波数 f_1，f_2 の差を半値幅とよび，半値幅と Q には次の関係がある．

$$Q=\frac{f_0}{f_2-f_1} \tag{2-20}$$

(4)　並列共振回路

図 2-18 の回路を角周波数 ω の電源に接続した際のインピーダンスは次式で与えられる．

$$Z=\frac{\left(\frac{1}{\mathrm{j}\omega C}\right)(R+\mathrm{j}\omega L)}{\left(\frac{1}{\mathrm{j}\omega C}+R+\mathrm{j}\omega L\right)}=\frac{R+\mathrm{j}\omega L}{(1-\omega^2LC+\mathrm{j}\omega CR)} \tag{2-21}$$

$$=\frac{\sqrt{R^2+(\omega L)^2}}{\sqrt{(1-\omega^2LC)^2+(\omega CR)^2}}\,e^{\mathrm{j}\delta}$$

回路に流れる電流の周波数特性は，**図 2-19** のようになる．共振周波数は通常 $R\ll 2\,\pi f_0L$ の近似で，直列共振と同じ，次式で与えられる．

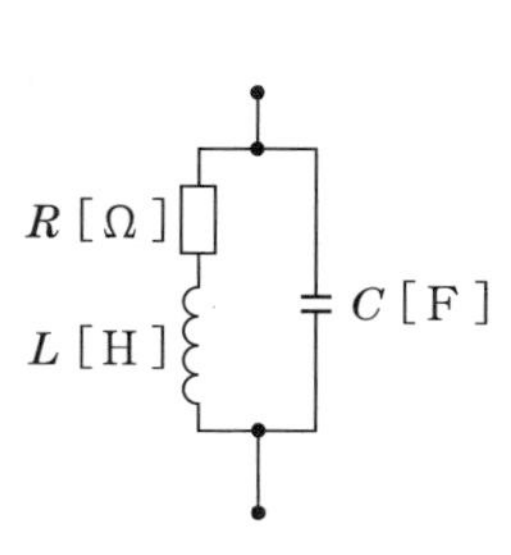

図 2-18　RLC 並列回路

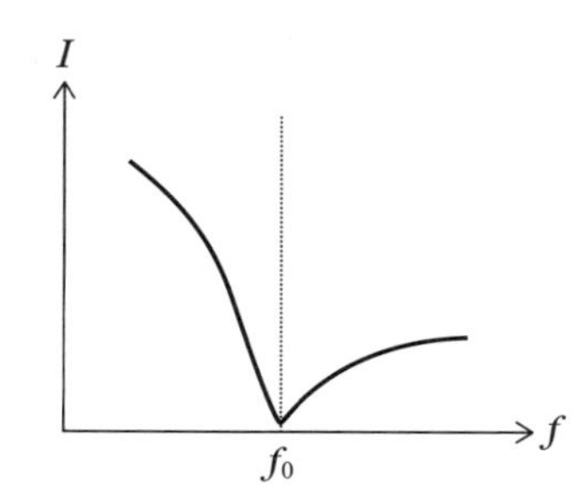

図 2-19　RLC 並列回路の電流周波数特性

$$f_0 = \frac{1}{2\pi\sqrt{LC}} \tag{2-22}$$

並列共振では共振周波数において，インピーダンスが最大となり，電流が最も流れにくくなる．

＜例題 2-7＞　図 2-20 の回路に電流 $\dot{I}$ を流した際の抵抗，コイル，コンデンサに加わる電圧をベクトルで表せ．

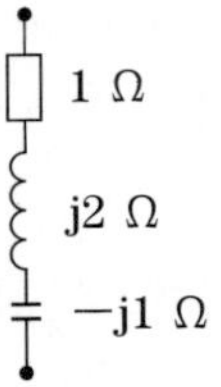

1 Ω

j2 Ω

−j1 Ω

図 2-20　RLC 直列回路

＜解答＞

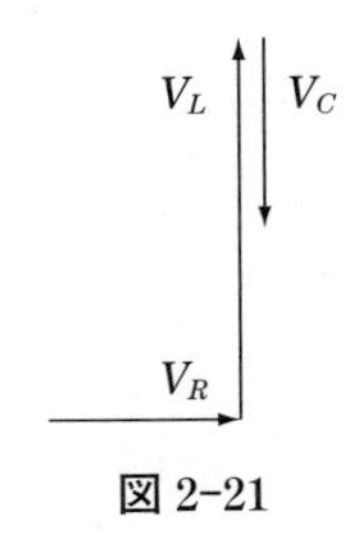

図 2-21

＜例題 2-8＞　図 2-20 の回路は電源の周波数を 50 Hz にした際のインピーダンスを示している．この回路が直列共振となるために必要な電源の周波数を求めよ．

＜解答＞　$25\sqrt{2}$ Hz

＜例題 2-9＞　**図 2-20** の回路は電源の周波数を 50 Hz にした際のインピーダンスを示している．この回路が $\pi/4$ 進みとなるために必要な電源の周波数を求めよ．

＜解答＞

25 Hz

＜例題 2-10＞　**図 2-22** に示す RLC 並列回路の共振周波数を求めよ．共振時の電流値を求めよ．ただし，電圧源の大きさは 100 V とする．

またその際の各枝に流れる電流を求めよ．

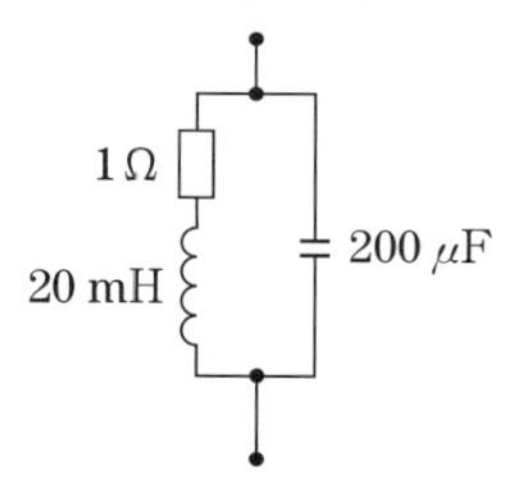

図 2-22　RLC 並列回路

＜解答＞

$R \ll 2\pi f_0 L$ の条件が成立すると考え，式（2-22）より

79.6 Hz，10 A

2-5　交流電力の計算

交流電力計算にはフェーザを利用した計算が可能である．フェーザを利用して求める電力は**複素電力**と呼ばれる．**図 2-23** の回路では複素電力 $\dot{P}_{\mathrm{c}} = P + \mathrm{j}Q$ は次式で計算される．ただし，P[W] は**有効電力**，

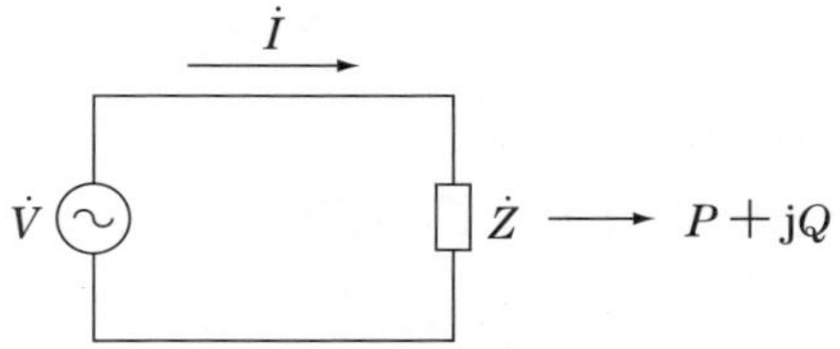

図 2-23　複素電力の計算

Q[var] は**無効電力**を表す．

$$\dot{P}_{\mathrm{c}} = P + \mathrm{j}Q = \bar{\dot{V}}\dot{I} \tag{2-23}$$

有効電力 P は**平均電力**，**消費電力**と呼ばれる場合もあり，回路で完全に消費される電力を表す．

無効電力 Q はコイルやコンデンサに一時的に蓄えられる電力を表していて，コイルやコンデンサに蓄えられるエネルギーは 1 周期ごとに充放電を繰り返していて，消費されない．ただし，実際のコイルやコンデンサでは導線部や素子内の抵抗などによりエネルギーは失われ，電力を消費する．

また次の式を用いて消費電力（有効電力，平均電力と同じ）を求めることもできる．

$$P = \frac{1}{2}(\bar{\dot{V}}\dot{I} + \dot{V}\bar{\dot{I}}) \tag{2-24}$$

また，有効電力 P，無効電力 Q は電流の電圧に対する位相角 θ を用いて

$$P = VI\cos\theta \tag{2-25}$$

$$Q = VI\sin\theta \tag{2-26}$$

と表す．消費電力 P の計算に用いる $\cos\theta$ を**力率**と呼ぶ．電流と電圧の位相差が小さいほど力率が大きくなる．純粋なコイル，コンデンサは共に力率はゼロで電力を消費せず，無効電力 Q のみとなる．コイルのように電流が遅れ（$\theta < 0$）の時，Q は負となり，**遅れ無効電力**と呼

ばれる．一方，コンデンサの場合は電流が進み（$\theta > 0$）で，Q は正となり，**進み無効電力**と呼ばれる．

また，回路を流れる電力として**皮相電力** P_s が使用される．皮相電力は式（2-27）で与えられ，単位は［V･A］（ボルトアンペア）を使用する．

$$P_s = VI = \sqrt{P^2 + Q^2} \tag{2-27}$$

＜例題 2-11＞　**図 2-24** の回路について，次の問いに答えよ．

(1)　電源をフェーザ表示せよ．

(2)　インピーダンスを求め，極座標表示せよ．

(3)　電流フェーザを求めよ．

(4)　複素電力を求めよ．

(5)　回路の消費電力を求めよ．

(6)　(5)の値を（電流）×（電圧）×（力率）と比較せよ．

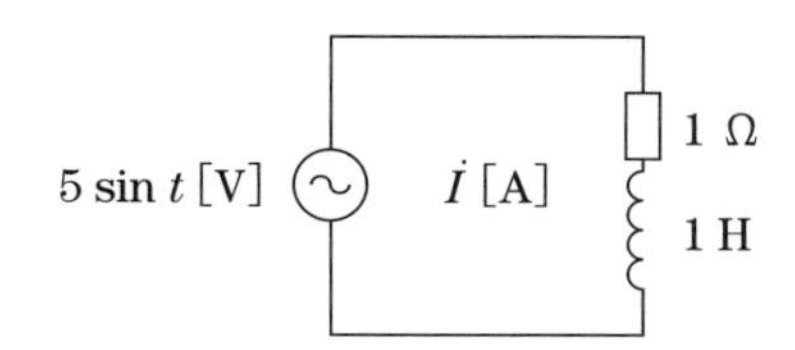

図 2-24　複素電力の計算

＜解答＞

フェーザとして実効値を使用すると，

(1) $\dfrac{5}{\sqrt{2}}\,\mathrm{e}^{\mathrm{j}0}$ V　(2) $\sqrt{2}\,\mathrm{e}^{\mathrm{j}\frac{\pi}{4}}$ Ω　(3) $\dfrac{5}{2}\,\mathrm{e}^{-\mathrm{j}\frac{\pi}{4}}$ A　(4) $\dfrac{25}{4} - \mathrm{j}\dfrac{25}{4}$ [V･A]

(5) $\dfrac{25}{4}$ W　(6) $VI\cos\theta = \dfrac{5}{\sqrt{2}}\cdot\dfrac{5}{2}\cdot\dfrac{\sqrt{2}}{2} = \dfrac{25}{4}$ W　となり一致する．

2-6 ベクトル軌跡

前節までに交流で扱うインピーダンスや，電流，電圧フェーザがベクトルで表されることを示した．周波数や回路の定数を変化させた場合，そのベクトルが軌跡を描く．以下に例示するので，数学の軌跡の方程式の知識をベースに理解されたい．

(1)　RL 回路の $\dot{Z}$，$\dot{Y}$ の軌跡

図 2-25 (a) の RL 回路で ω を 0 ～∞で変化させた時の Z の軌跡は同図 (b) で表される．$\dot{Y}$ の軌跡は式 (2-28) において，**コンダクタンス** G，**サセプタンス** B は式 (2-29) で示され，ここから ωL を消去すれば，式 (2-30) が得られる．$B<0$ より，第 4 象限の円として同図 (c) の軌跡が得られる．

$$\dot{Y}=\frac{1}{R+\mathrm{j}\,\omega L}=\frac{R}{R^2+(\omega L)^2}+\mathrm{j}\frac{-\omega L}{R^2+(\omega L)^2} \tag{2-28}$$

$$G=\frac{R}{R^2+(\omega L)^2},\ B=\frac{-\omega L}{R^2+(\omega L)^2}<0 \tag{2-29}$$

$$\left(G-\frac{1}{2R}\right)^2+B^2=\left(\frac{1}{2R}\right)^2 \tag{2-30}$$

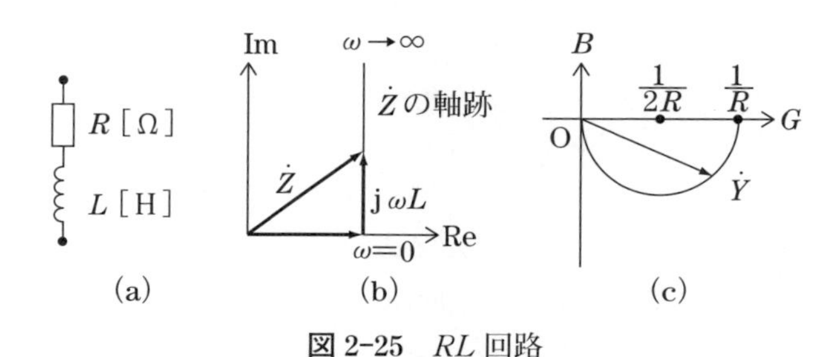

図 2-25　RL 回路

(2)　RLC 並列回路の $\dot{Z}$ の軌跡

図 2-26 (a) の RLC 並列回路で ω を 0 ～∞で変化させた時の $\dot{Z}$ は

式（2-31）で示される．ただし，λ を式（2-32）のようにおき，抵抗分を x，リアクタンス分を y と表す．式（2-32）より，λ を消去して軌跡の方程式（2-33）が得られ，同図（b）の軌跡が得られる．

$$\dot{Z}=\frac{1}{\dfrac{1}{R}+\mathrm{j}\left(\omega C-\dfrac{1}{\omega L}\right)}=\frac{R}{1+\mathrm{j}\lambda}=x+\mathrm{j}y \tag{2-31}$$

$$\lambda=\omega CR-\frac{R}{\omega L},\ x=\frac{R}{1+\lambda^2},\ y=-\frac{\lambda R}{1+\lambda^2} \tag{2-32}$$

$$\left(x-\frac{R}{2}\right)^2+y^2=\frac{R^2}{4} \tag{2-33}$$

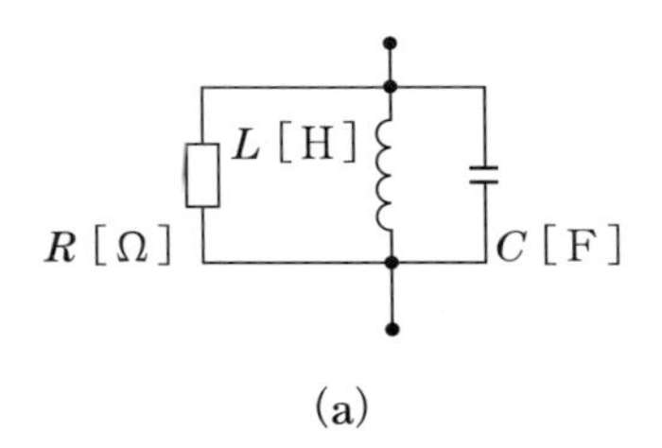

（a）

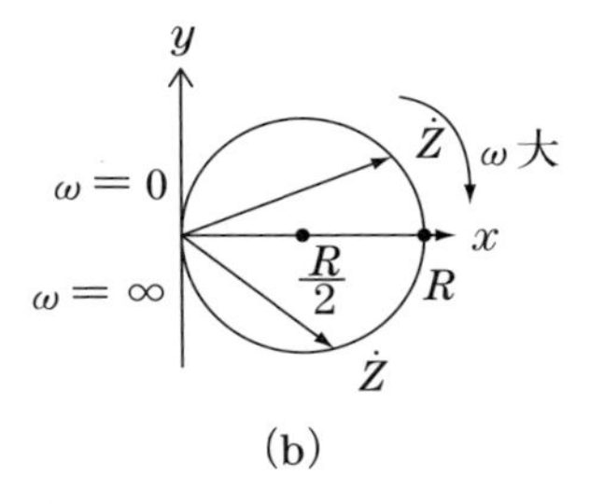

（b）

図 2-26　*RLC* 並列回路

＜例題 2-12＞　**図 2-25**（a）の回路に角周波数 ω，電圧 E の電源を接続し，抵抗 R の値を変化させた場合について，次の問いに答えよ．

(1)　回路のアドミタンスの軌跡を求めよ.

(2)　複素電力が $\dot{Y}|E|^2$ で与えられることを導け.

(3)　$\dot{Y}|E|^2$ の実部が消費電力であることから消費電力の最大値を求めよ.

<解答>

(1)　$\dot{Y}$ の式は式 (2-28), (2-29) のとおり.

式 (2-29) より　$\dfrac{G}{B} = -\dfrac{R}{\omega L}$　　$\therefore\ R = -\omega L \cdot \dfrac{G}{B}$　　(2-34)

式 (2-34) を式 (2-29) に代入し, 整理すると

$$G^2 + \left(B + \frac{1}{2\omega L}\right)^2 = \left(\frac{1}{2\omega L}\right)^2 \quad \text{ただし}\quad G \geqq 0 \qquad (2\text{-}35)$$

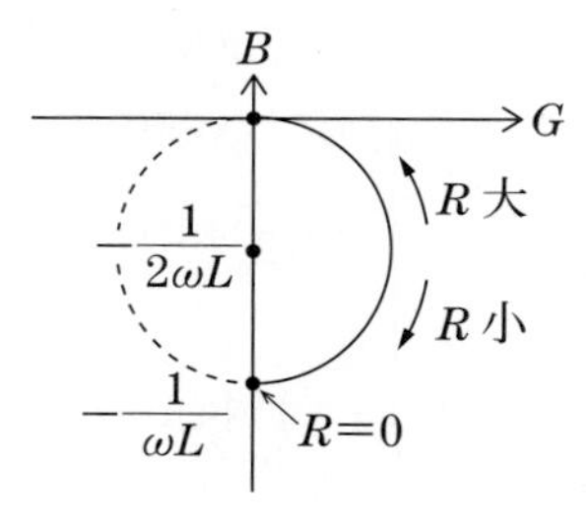

図 2-27

(2)　複素電力は　$P + \mathrm{j}Q = \bar{\dot{V}}\dot{I} = \bar{\dot{E}}\cdot\dot{Y}\dot{E} = \dot{Y}|\dot{E}|^2$

(3)　複素電力の実部を $\dfrac{R}{R^2 + (\omega L)^2}\cdot E^2 = P(R)$ とおくと

$$\frac{\mathrm{d}P}{\mathrm{d}R} = \frac{-R^2 + (\omega L)^2}{\{R^2 + (\omega L)^2\}^2}$$

$\therefore R = \omega L$ で最大となり, 最大値は $\dfrac{E^2}{2\omega L}$ となる.

章末問題 2

1　下記の問いに答えよ.

(1)　次の複素数を極座標形式に変換せよ.

ただし，容易に位相角が求められる角度に対しては $\tan^{-1}$ を使用してはならない.

① $1+\mathrm{j}1$　② $1-\mathrm{j}1$　③ $2+\mathrm{j}1$　④ $1+\mathrm{j}\sqrt{3}$　⑤ $3+\mathrm{j}4$

(2)　次の複素数を直交座標形式に変換せよ.

① $2\mathrm{e}^{\mathrm{j}\theta}$　② $2\mathrm{e}^{\mathrm{j}(\pi/4)}$　③ $2\mathrm{e}^{\mathrm{j}(\pi/2)}$　④ $2\mathrm{e}^{\mathrm{j}(\pi/3)}$　⑤ $2\mathrm{e}^{\mathrm{j}(-\pi/4)}$

(3)　次の正弦波を表す式を求めよ.

① 振幅 5 V，周期 10 ms，初期位相（$\pi/2$）

② 振幅 5 V，周波数 1000 Hz，初期位相 0

(4)　$\mathrm{e}=E_{\mathrm{m}}\sin(\omega t+\pi/2)$ と $i=I_{\mathrm{m}}\sin(\omega t-\pi/3)$ の位相差はいくらか.

(5)　$R+\mathrm{j}\omega L=100\,\mathrm{e}^{\mathrm{j}(\pi/4)}$ の時，抵抗，リアクタンスはそれぞれいくらか.

(6)　実効値が 6 kV の正弦波交流電圧の最大値はいくらか.

(7)　次の素子の周波数 50 Hz におけるリアクタンスの値はいくらか.

① 2 mH　② 0.4 H　③ 0.02 μF　④ 400 pF

2　図 2-28 の回路のインピーダンスを極座標形式で表せ．ただし，$\omega=100$ rad/s とする.

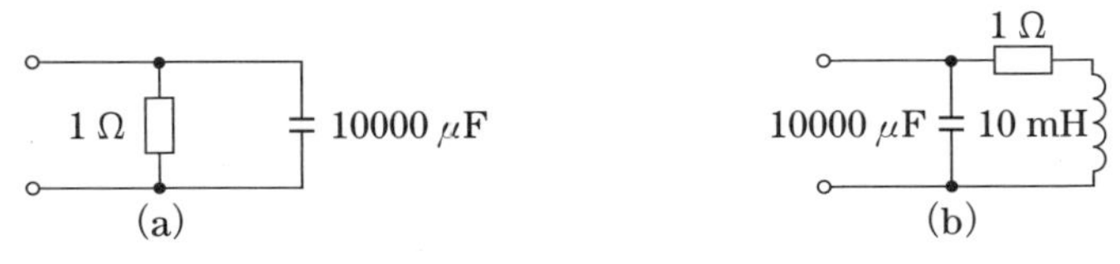

図 2-28

3 図 2-29 の回路について次の問いに答えよ．

(1) 合成インピーダンスを求め，極座標表示せよ．

(2) $v(t)$ のフェーザ表示を求めよ．

(3) $v(t)$ を求めよ．

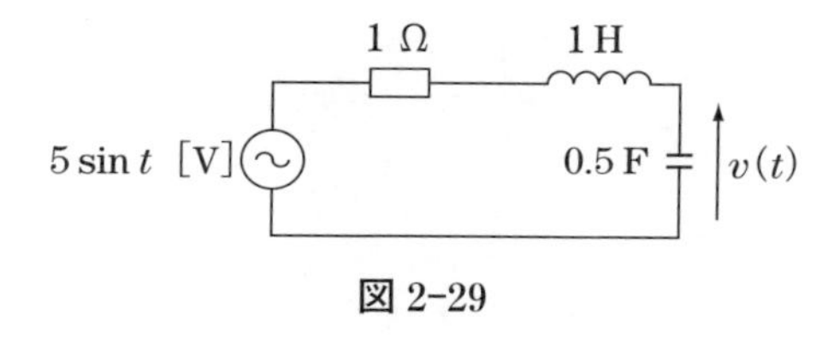

図 2-29

4 図 2-30 に示す回路の交流入力電圧 $\dot{E}$ と回路電流 $\dot{I}$ とが同相であるためには，R はどのような値になるか．またそのような R が存在する条件を求めよ．

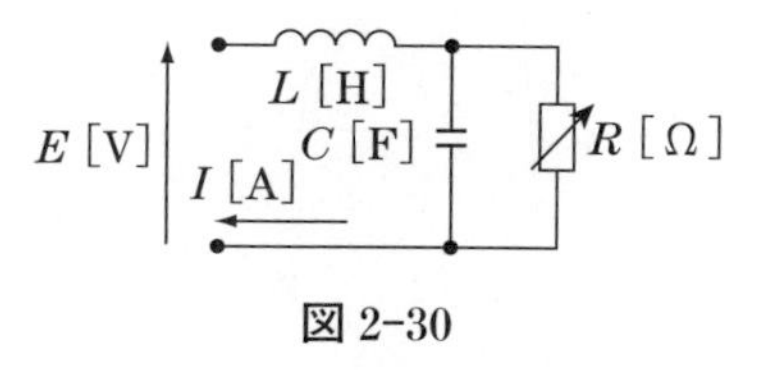

図 2-30

5 図 2-31 に示す回路の交流入力電圧 $\dot{E}$ と回路電流 $\dot{I}$ とが同相であるための条件を求めよ．またその時の回路の平均電力を求めよ．

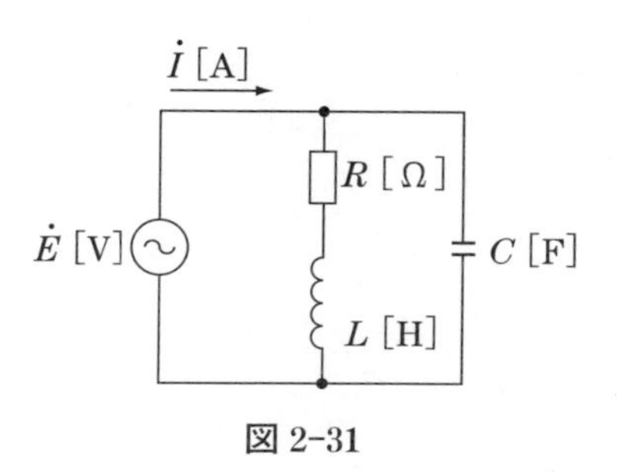

図 2-31

第３章　回路の定理

回路に流れる電流や生じる電圧降下を計算するために，回路の特性を利用して計算を簡略化する方法がある．そこで本章ではそのような定理のうち基本的なものを取り上げ解説する．ここで取り扱う定理は直流に限らず，交流回路でも同様に適用できるものであり，回路の解析には是非理解しておく必要がある．

☆この章で使う基礎事項☆

基礎 3-1　電源の種類

交流の場合も直流と同様，理想的な電源として電圧源と電流源がある（1-1 節参照）．電圧源の場合，内部インピーダンスはゼロ，電流源の場合，内部インピーダンスは∞と考える．この考え方は直流の場合とまったく同様で，**図 3-1** のように説明できる．

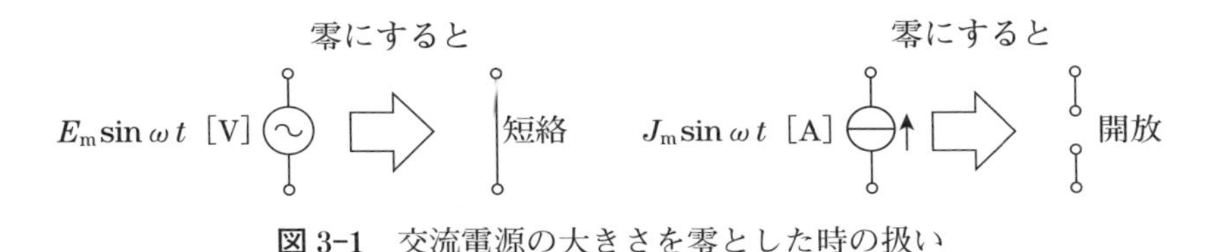

図 3-1　交流電源の大きさを零とした時の扱い

基礎 3-2　インピーダンス，アドミタンスの合成

インピーダンス $\dot{Z}=R+\mathrm{j}X$ の抵抗分 R，リアクタンス X，インピーダンスの逆数になるアドミタンス $\dot{Y}=G+\mathrm{j}B$ のコンダクタンス G，サセプタンス B について，直列接続，並列接続の際の合成インピーダンス，合成アドミタンスは**表 3-1** のとおりである．

表 3-1　直列回路，並列回路の合成インピーダンス，合成アドミタンス

	接続図	インピーダンス	アドミタンス
直列接続	○―[Z_1, Y_1]―[Z_2, Y_2]―○	$\dot{Z}_1+\dot{Z}_2$	$\dfrac{\dot{Y}_1 \cdot \dot{Y}_2}{\dot{Y}_1+\dot{Y}_2}$
並列接続	○―([Z_1, Y_1] ∥ [Z_2, Y_2])―○	$\dfrac{\dot{Z}_1 \cdot \dot{Z}_2}{\dot{Z}_1+\dot{Z}_2}$	$\dot{Y}_1+\dot{Y}_2$

3-1 テブナンの定理

図 3-2 (a) のように電源を含む回路の内部抵抗が R_i で，開放端子電圧が $v(t)$ である時，その回路は (b) のような等価回路で表され，(c) のように外部に抵抗 R を接続すると，式 (3-1) の電流 $i(t)$ が流れることをテブナンの定理と呼ぶ．また (b) の回路を**テブナン等価回路**と呼ぶ．

$$i(t)=\frac{v(t)}{R+R_\mathrm{i}} \tag{3-1}$$

ここで，$i(t)$，$v(t)$ を時間関数として表しているが，時間的な変化のない直流でも問題なく**テブナンの定理**は成立する．テブナンの定理は，複数の電源を含む回路や簡単に負荷電流を求められないときに，回路を簡単化するために有効である．

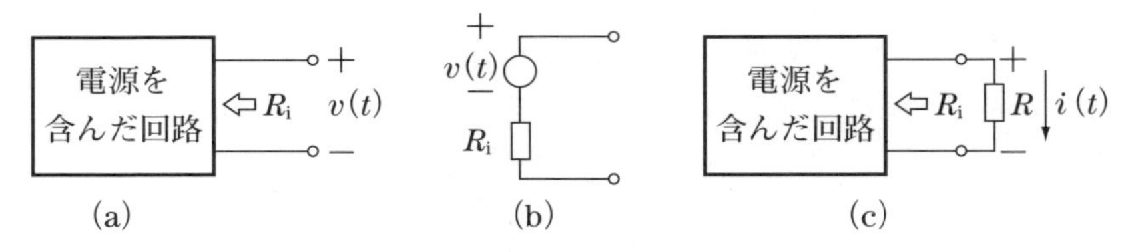

図 3-2　テブナン等価回路の定義

<テブナン等価回路の求め方>

1．電流を求めたい部分で回路を切り離す．

2．電源側の開放電圧を求める．これが**図 3-2** (b) の電源 $v(t)$ となる．

3．電源の内部抵抗（またはインピーダンス）を求める．そのためには電源に含まれるすべての電源を零にして，残った回路の合成抵抗（交流の場合は合成インピーダンス）を求めればよい．電源を零にする方法については，**図 3-1** を参照してほしい．

＜例題 3-1＞　図 3-3 の電流 I を次の手順で求めよ．

(1)　中央の 1 Ω の抵抗を外した回路を考え，その際の節点 a，b の電位差を求めよ．

(2)　内部抵抗を求めよ．

(3)　テブナンの定理により I を求めよ．

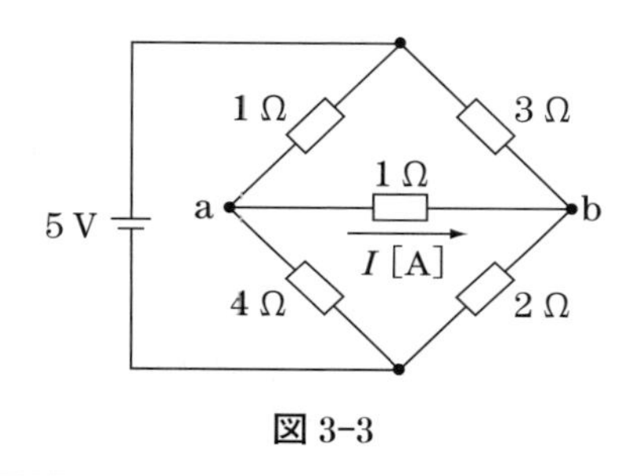

図 3-3

＜解答＞

(1)　a が 2 V 高い．$V_{ab}=2$ V　　(2)　$\dfrac{1\cdot4}{1+4}+\dfrac{2\cdot3}{2+3}=2\,\Omega$

(3)　2/3 A

＜例題 3-2＞　図 3-4 の電流 $i(t)$ を求めよ．

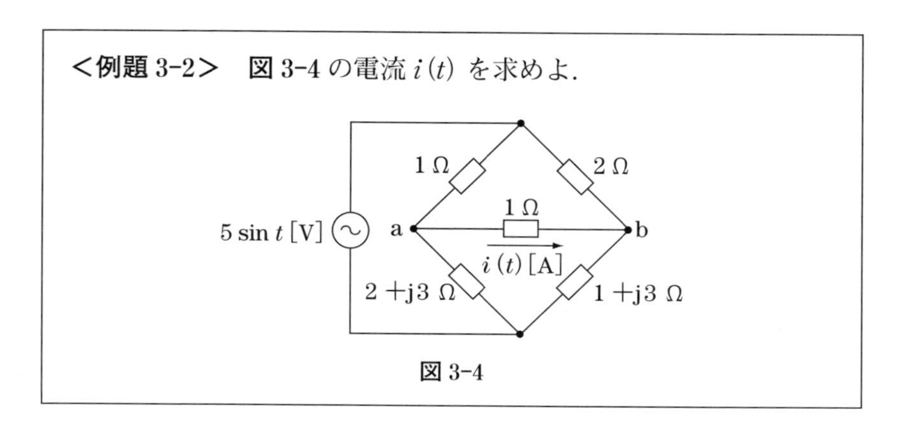

図 3-4

＜解答＞

端子 ab より抵抗 1 Ω を取り開放した時の開放電圧を V_{ab} とする.

電源を $5e^{j0}$ と表すと $V_{ab}=\left(\frac{2+j3}{3+j3}-\frac{1+j3}{3+j3}\right)\cdot 5e^{j0}=\frac{1}{3+j3}\cdot 5e^{j0}$

内部インピーダンスは　$Z=\frac{2+j3}{3+j3}+\frac{2+j6}{3+j3}=\frac{4+j9}{3+j3}$

$$I=V_{ab}/(Z+1)=\frac{5e^{j0}}{3+j3}\Big/\left(\frac{4+j9}{3+j3}+1\right)=\frac{5e^{j0}}{7+j12}$$

$\therefore I=\frac{5}{\sqrt{193}}e^{-j\theta}\quad \theta=\tan^{-1}\left(\frac{12}{7}\right)$　よって　$i(t)=\frac{5}{\sqrt{193}}\sin(t-\theta)$

ただし，$\theta=\tan^{-1}\left(\frac{12}{7}\right)$

3-2　ノートンの定理

等価電源として電圧源を用いたテブナンの定理に対し，電流源を用いた定理が**ノートンの定理**である．**図 3-5** (a) のように電源を含む回路の内部アドミタンスが Y_i で，電源の短絡電流が $i_0(t)$ である時，その回路は (b) の**ノートン等価回路**で表され，(c) のように外部にアドミタンス Y を接続すると，式 (3-2) の電圧 $v(t)$ が発生することをノートンの定理と呼ぶ.

$$v(t)=\frac{i_0(t)}{Y+Y_i} \tag{3-2}$$

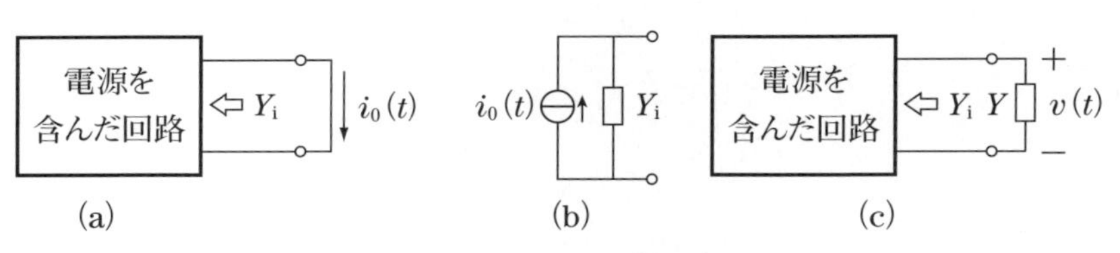

図 3-5　ノートン等価回路の定義

<ノートン等価回路の求め方>

1．電圧を求めたい部分で回路を切り離す．

2．電源側の短絡電流を求める．これが**図 3-5**（b）の電流源 $i_0(t)$ となる．

3．電源の内部コンダクタンス（またはアドミタンス）を求める．そのためには電源に含まれるすべての電源を零にして，残った回路の合成コンダクタンス（交流の場合は合成アドミタンス）を求めればよい．電源を零にする方法は**図 3-1** 参照．

（備考）全体として，手順はテブナンの定理と同じである．

<例題 3-3>　**図 3-6**（a）の電圧 V を下記の手順で求めよ．

(1)　端子 a-b より左側をみたノートン等価回路を求めよ．

(2)　電流源を合成して電圧 V を求めよ．

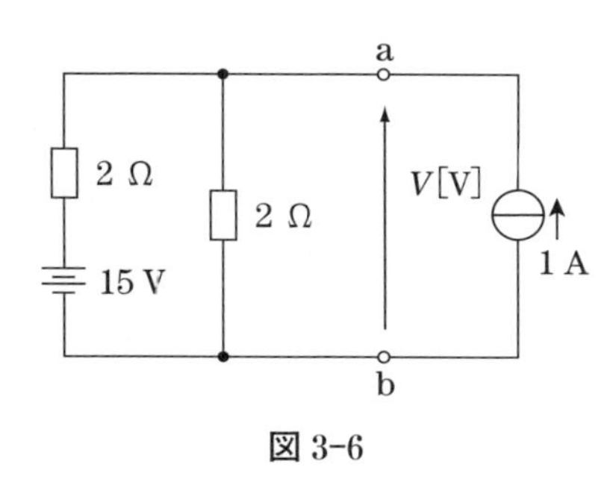

図 3-6

<解答>

(1)　電流源 7.5 A，コンダクタンス 1 S の並列回路となる．

(2)　8.5 A が 1 Ω に流れるので，8.5 V．

3-3　重ね合わせの理

複数の電源がある場合の電流，電圧分布は，回路全体に対しキルヒホッフの電流則，電圧則を適用して求めること（実際には効率的に解析する方法として５章の回路方程式を適用する）になるが，一つの電源のみであればこれまでに学んだ抵抗の合成，分流，分圧の考えを応用することにより，求めたい部分の電流，電圧だけを容易に求められる．線形回路と呼ばれる通常の回路では，複数の電源によって生じる電流，電圧はそれぞれの電源だけで発生する電流，電圧の総和で表されることが分かっている．そのように電流や電圧が各回路の値を重ね合わせて求められることから**重ね合わせの理**と呼ばれる．

重ね合わせの理を適用するためには一つの電源を残し，他の電源を零にした回路をそれぞれの電源について求める．ここでは例として**図3-7**（a）の電流 $i(t)$ を求める．

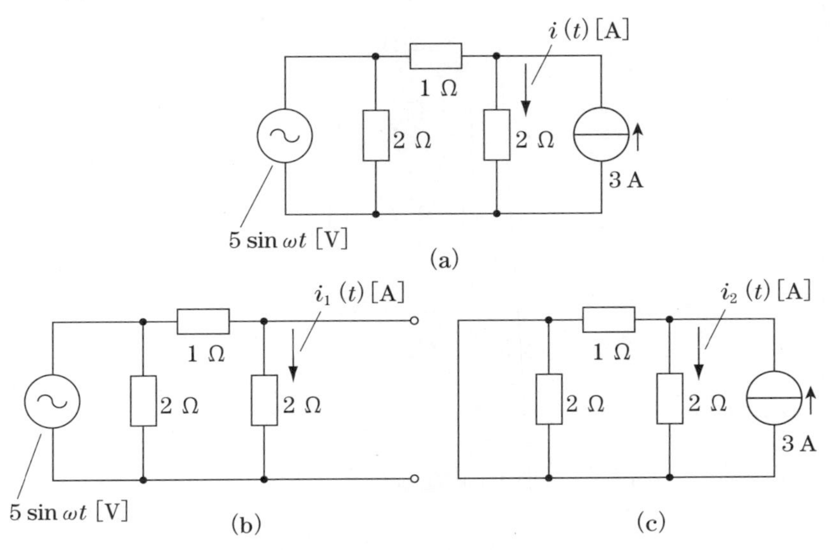

図3-7　重ね合わせの理の一例

図 3-7 (a) の回路には交流電圧源と直流電流源の２個の電源がある．重ね合わせの理を適用すると，**図 3-7** (b) のように電流源を開放した回路に流れる電流 $i_1(t)$ と**図 3-7** (c) のように電圧源を開放した回路に流れる電流 $i_2(t)$ の和により，$i(t)$ を求めることができる．

ここでは $i_1(t)=2\sin\omega t$[A]，$i_2(t)=1$ A なので $i(t)=1+2\sin\omega t$ [A] となる．

<例題 3-4>　例題 3-3 を重ね合わせの理を用いて解け．

<解答>　省略

<例題 3-5>　**図 3-8** の回路に流れる電流 i を重ね合わせの理を用いて求めよ．

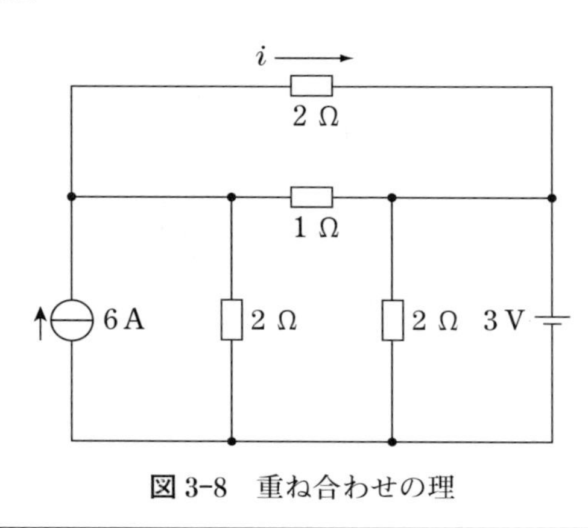

図 3-8　重ね合わせの理

<解答>

電流源による電流 $\left(\frac{3}{2}\text{ A}\right)$ ＋電圧源による電流 $\left(-\frac{3}{8}\text{ A}\right)=\frac{9}{8}$ A

3-4 相反定理

回路を構成する素子の L, C, R が電流 i, 電圧 v の大きさによらず定数である時，その回路を線形回路と呼ぶ．本定理は回路の素子が明らかにされていない回路を含んだ線形回路全体で成立する定理である．**図 3-9** において線形回路の一部の節点 a-b 間，c-d 間に着目し，a-b 間に電源 E を接続した際に短絡された c-d 間に流れる電流 I と，c-d 間に電源 E を接続した際に短絡された a-b 間に流れる電流 I' は等しい．これを**相反定理**と呼ぶ．

また**図 3-9**（c）（d）のように，等しい電流源 I を接続した場合には，対応する端子間の電圧，V，V' が等しくなる．

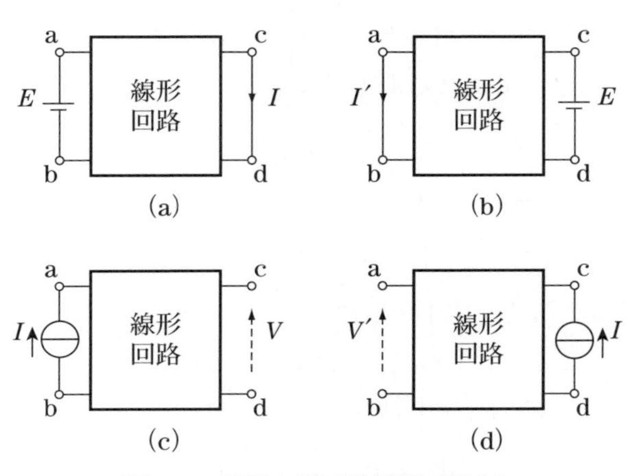

図 3-9　相反定理（電圧源の場合）

<例題 3-6>　**図 3-10** の回路において $I=I'$ であることを確認せよ．

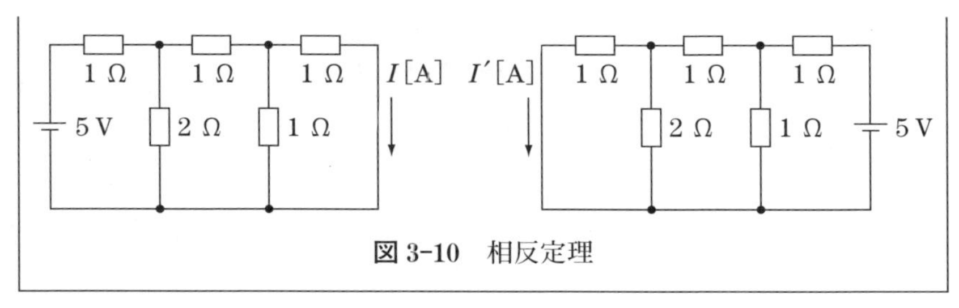

図 3-10　相反定理

<解答>　省略

3-5　補償定理

線形回路において電流Iが流れている枝の抵抗RがΔRだけ変化した時，各枝に流れる電流の変化量は，もとの線形回路の電源をゼロ（電圧源は短絡，電流源は開放）として，Rに直列に挿入した補償起電力$-\Delta RI$によって流れる電流に等しい．

<例題 3-7>　図 3-11（a）の回路から（b）のように右端の抵抗値が 2 Ω から 10 Ω に増加した．その際の各部の電流はI_1，I_2，I_3からどのように変化するか求めよ．

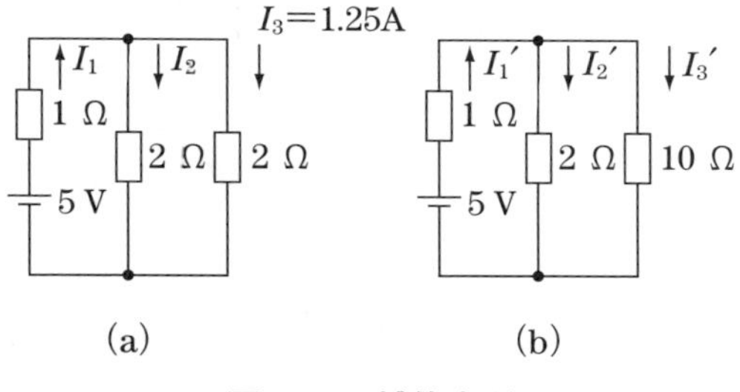

図 3-11　補償定理

＜解答＞

図 3-11 (a) の回路の抵抗値が同図 (b) のように 10 Ω に増加した場合，その電流の変化量はもとの線形回路の電源をゼロとして，R に直列に挿入した補償起電力として 10 V を加えた**図 3-12** の I_1''，I_2''，I_3'' だけ変化する．すなわち，$I_1'=I_1-I_1''$，$I_2'=I_2+I_2''$，$I_3'=I_3-I_3''$ となる．

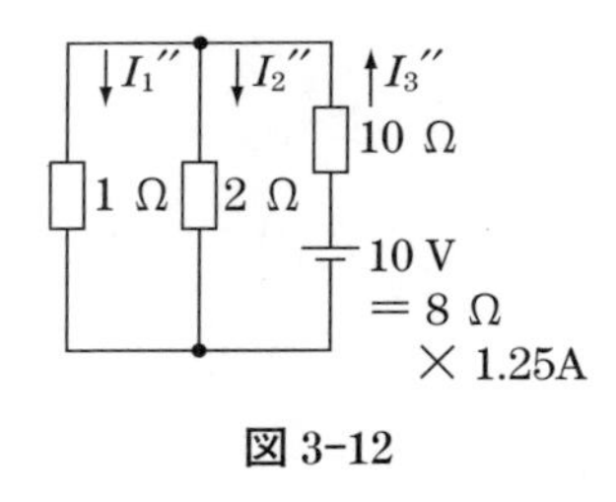

図 3-12

3-6　テレゲンの定理

回路の電流の分岐点を**節点**と呼び，その節点と節点をつなぐ回路を**枝**と呼ぶ．回路が n 個の枝からなる時，すべての枝の電流 i_{b1}，i_{b2}，i_{b3} … i_{bn} と同じ向きに電圧を v_{b1}，v_{b2}，v_{b3} … v_{bn} と定義する時，下記の式が成り立つ．

$$v_{b1}\,i_{b1}+v_{b2}\,i_{b2}+v_{b3}\,i_{b3}\cdots+v_{bn}\,i_{bn}=0 \tag{3-3}$$

これを**テレゲンの定理**と呼ぶ．この定理はどこかの枝から供給された電力はどこかの枝でもれなく消費されるという**エネルギー保存**の関係を表している．またこの定理は次のように拡張されることが知られている．

同じグラフ（枝のつながり方）で構成された二つの回路において，対応する枝電圧，枝電流を v_{bn}，i_{bn}，v_{bn}，i_{bn} とすると，次の式が成り立つ．

$$v_{b1}\,i_{b1}'+v_{b2}\,i_{b2}'+v_{b3}\,i_{b3}'\cdots+v_{bn}\,i_{bn}'=0$$
$$v_{b1}'i_{b1}+v_{b2}'i_{b2}+v_{b3}'i_{b3}\cdots+v_{bn}'i_{bn}=0 \tag{3-4}$$

章末問題３

1　図 3-11，図 3-12 の各図に対し，テレゲンの定理が成立していることを確認せよ．

2　次の回路のテブナン等価回路，ノートン等価回路を求めよ．

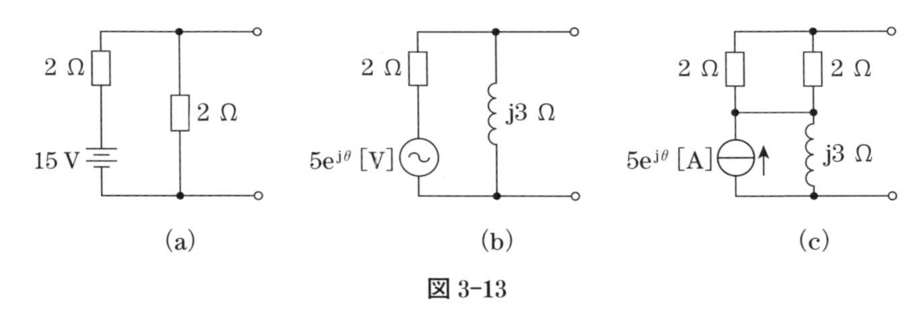

図 3-13

3　次の回路の電流 I をテブナンの定理または重ね合わせの理を用いて求めよ．

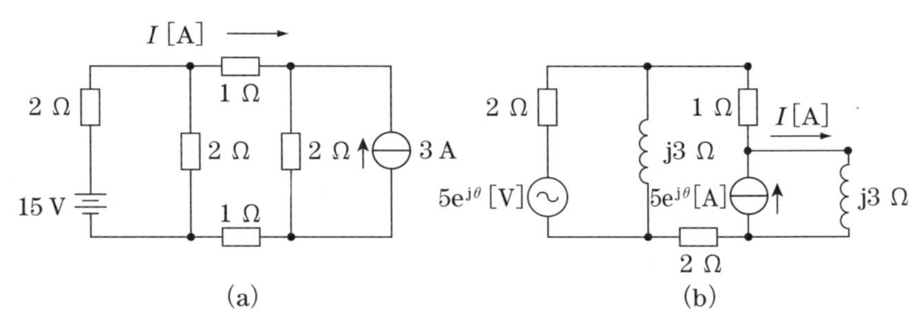

図 3-14

4　図 3-15 の回路において，ab 間に抵抗 1 Ω を挿入すると，ab 間に流れる電流はどれだけ減少するか求めよ．

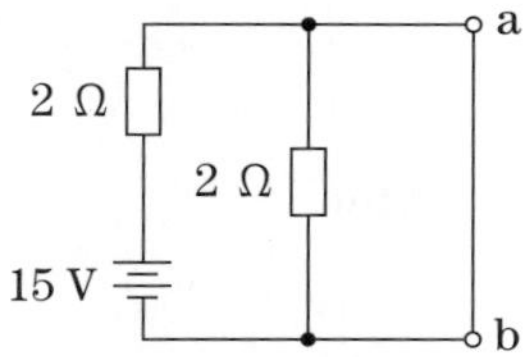

図 3-15

5 図 3-16 の回路において，$i(t)$ を求めよ．

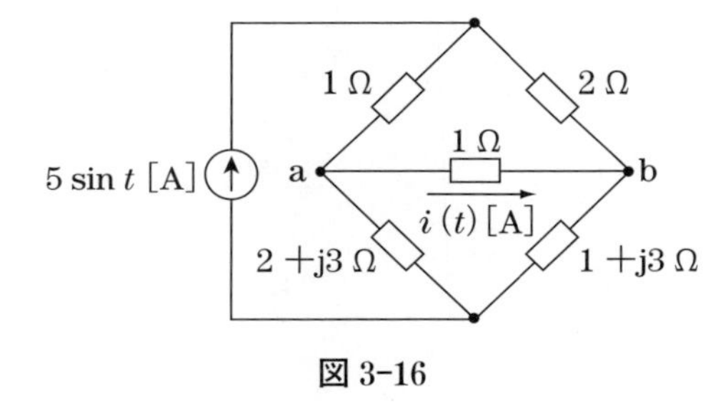

図 3-16

第４章　交流回路の計算

２章で学んだ交流回路の基礎だけでは交流回路の解析が効率的に行えないので，３章で学んだ回路の定理を交流回路にも応用し，より実用的な交流回路の計算に取り組む．２章では大きさや周波数が一定の交流波形のみを取り扱ったが，本章では周波数の異なる電源を取り扱う方法や，相互誘導回路，交流ブリッジなどより実用的な回路の計算を学ぶ．また交流の大きさを表す実効値の概念を確認し，平均値や波高値（振幅）との関係を理解することにより，正弦波以外の交流の取り扱いについても理解する．

☆この章で使う基礎事項☆

基礎 4-1　回路の定理

交流の場合も直流と同様，３章で学んだ回路の定理がそのまま利用できる．テブナンの定理による電圧源を用いた等価回路，ノートンの定理による電流源による等価回路，重ね合わせの理による電流，電圧の合成など．

基礎 4-2　インピーダンス，アドミタンスの計算

交流の場合のインピーダンスは特定の周波数 f で決まる角周波数 ω を用いて計算される．

抵抗 $R\,[\Omega]$ は周波数によらず $R\,[\Omega]$ だが，コイルはインダクタンス $L\,[\mathrm{H}]$ を用いて $\mathrm{j}\omega L\,[\Omega]$，コンデンサは容量 $C\,[\mathrm{F}]$ を用いて $1/(\mathrm{j}\omega C)$ $[\Omega]$ となり，周波数が異なると値が異なる．したがって異なる周波数の交流電源により発生する電流，電圧を一度に計算することはできない．この場合は後で示すように重ね合わせの理を用いることになる．

基礎 4-3　相互誘導回路

交流が電力伝送に常用される理由は，変圧器により電圧の昇降圧が簡便であるためである．変圧器は１組のコイルの組み合わせで磁束を共有することで構成される．コイル１（１次側），コイル２（２次側）のそれぞれの鎖交磁束 ϕ_1，ϕ_2 はそれぞれのコイルの自己インダクタンス L_1，L_2 と相互インダクタンス M により式（4-1），（4-2）として表せる．

$$\phi_1 = L_1 i_1 + M i_2 \tag{4-1}$$

$$\phi_2 = M i_1 + L_2 i_2 \tag{4-2}$$

また変圧器の１次側，２次側の電圧は鎖交磁束の変化率によって求

められ，式（4-3），（4-4）で与えられる．詳しくは電磁気学のテキストを参照されたい．

$$v_1 = L_1 \frac{\mathrm{d}i_1}{\mathrm{d}t} + M \frac{\mathrm{d}i_2}{\mathrm{d}t} \tag{4-3}$$

$$v_2 = M \frac{\mathrm{d}i_1}{\mathrm{d}t} + L_2 \frac{\mathrm{d}i_2}{\mathrm{d}t} \tag{4-4}$$

4-1　異なる周波数の交流電源を有する回路

ここではまず異なる周波数の交流電圧源を有する回路について示す．**図 4-1**（a）に含まれる 2 個の電源は角周波数が異なる．この場合，$i(t)$ は 2 つの電源により流れる電流を重ね合わせの理を用いて求める．

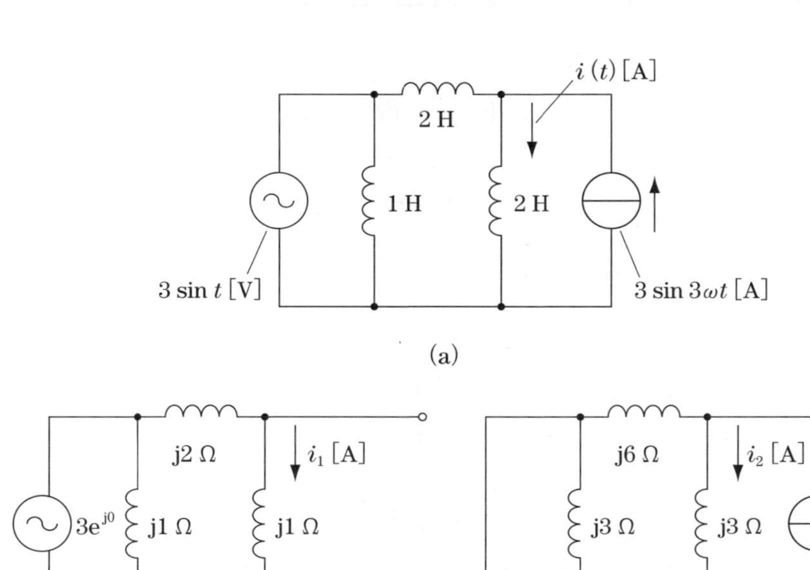

図 4-1　異なる周波数の交流電源からなる回路

すなわち，それぞれの角周波数により計算したインピーダンスを用いて表した**図 4-1**（b），（c）の各電流の和として $i(t)$ を求めることができる．

ここで波高値を用いたフェーザでは $\dot{I}_1=1\mathrm{e}^{\mathrm{j}(-\pi/2)}$，$\dot{I}_2=2\mathrm{e}^{\mathrm{j}(-\pi/2)}$ と表せる．しかし，この２つの解は異なる角周波数のフェーザであり，そのままで和を求めることはできず，時間領域での和を求めることになる．**図 4-1**（b）の回路より，$i_1(t)$ を求め，**図 4-1**（c）の回路より $i_2(t)$ を求めることにより，$i(t)=i_1(t)+i_2(t)=\sin(t-\pi/2)+2\sin(3t-\pi/2)$ が得られる．

4-2　交流電流電圧波形と大きさの表現

２章では交流電圧，電流の大きさの表現には通常，**実効値**を用いると説明したが，実効値とは何かを本節で確認する．実効値は **RMS**（Root Mean Square の略）とも呼ばれる．電流 $i(t)$ の実効値 I は１周期の二乗平均平方根（4-5）で求められる．

$$I=\sqrt{\frac{1}{T}\int_0^T (i(t))^2\mathrm{d}t} \qquad (4\text{-}5)$$

これはたとえば下記のように抵抗 R で消費する電力 P を考えると，P は発熱量の時間平均として与えられることから平均的なエネルギー消費，すなわち電力を表現するのに都合が良いことがわかる．

$$P=\frac{1}{T}\int_0^T Ri^2(t)\,\mathrm{d}t=R\left(\sqrt{\frac{1}{T}\int_0^T (i(t))^2\mathrm{d}t}\right)^2=RI^2 \qquad (4\text{-}6)$$

一般的な正弦波交流波形の場合，正弦波の振幅 I_m と実効値 I の関係は式（4-4）より

$$I=\sqrt{\frac{1}{T}\int_0^T(I_{\rm m}\sin\omega t)^2\,{\rm d}t}=I_{\rm m}\sqrt{\frac{1}{T}\int_0^T\frac{1-\cos 2\omega t}{2}\,{\rm d}t}$$

$$=\frac{1}{\sqrt{2}}I_{\rm m} \tag{4-7}$$

となり，実効値は正弦波の振幅の $\frac{1}{\sqrt{2}}$ となる．

正弦波の振幅は波形の最大値となり，交流波形における最大値と実効値の比を**波高率**，また実効値と瞬時値の絶対値の平均値（整流波形の平均値，章末問題参照）の比を**波形率**と呼び，交流波形の特長を表す指数として用いることがある．

$$\text{波高率の定義}\quad \text{波高率}=\frac{\text{最大値}}{\text{実効値}} \tag{4-8}$$

$$\text{波形率の定義}\quad \text{波形率}=\frac{\text{実効値}}{\text{整流波平均値}} \tag{4-9}$$

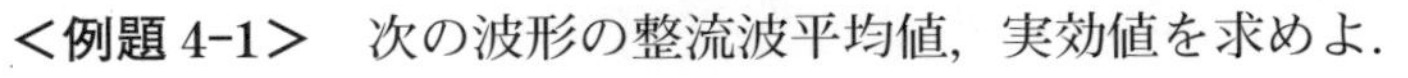
<例題 4-1>　次の波形の整流波平均値，実効値を求めよ．

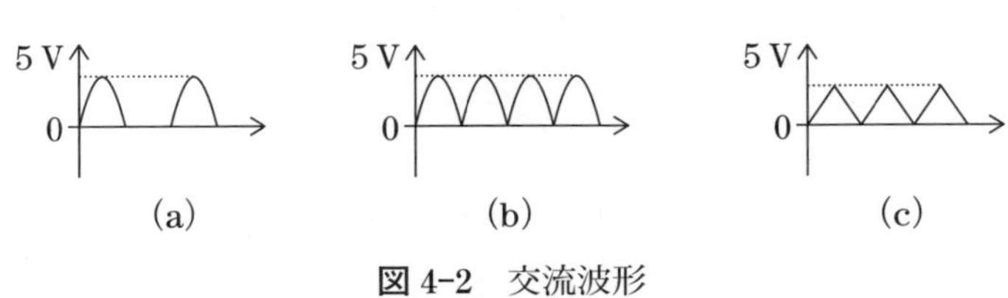

図 4-2　交流波形

<解答>

平均値（a）$5/\pi$　（b）$10/\pi$　（c）$5/2$

実効値（a）$5/(2\sqrt{2})$　（b）$5/\sqrt{2}$　（c）$5/\sqrt{3}$

4-3　高調波を含む交流

電流 $i(t)$ が式（4-10）のように，より周波数の高い交流の合成波として表されるとする．これは単に 4-1 節のように異なる周波数の電源

第1章 第2章 第3章 第4章 第5章 第6章 第7章 第8章 第9章 第10章 章末問題解答

が重ね合わされた場合にかぎらず，任意の波形をフーリエ級数展開された場合にも該当する．

$$i(t)=I_0+\sum_{n=1}^{\infty}I_n\sin(n\omega t+\theta_n) \tag{4-10}$$

その時，実効値は式（4-5）で計算できるが，$i(t)$ の２乗を計算する場合，三角関数は異なる周波数をかけて１周期分積分するとゼロになることから，下記の結果が得られる．

$$I=\sqrt{I_0{}^2+\frac{I_1{}^2+I_2{}^2\cdots+I_n{}^2+\cdots}{2}} \tag{4-11}$$

また，下記のひずみ波交流電圧 $v(t)$ の電源により，下記のひずみ波交流電流 $i(t)$ が流れる時の有効電力も基本波１周期分の平均電力として式（4-14）によって求められる．

$$v(t)=V_0+\sum_{n=1}^{\infty}V_n\sin(n\omega t+\theta_n) \tag{4-12}$$

$$i(t)=I_0+\sum_{n=1}^{\infty}I_n\sin(n\omega t+\theta_n+\phi_n) \tag{4-13}$$

$$P=\frac{1}{T}\int_0^T v(t)\,i(t)\,\mathrm{d}t \tag{4-14}$$

ここで，

$$\begin{aligned}v(t)\,i(t)=&I_0\cdot\{I_0+I_1\sin(\omega t+\theta_1+\phi_1)+I_2\sin(2\omega t+\theta_2+\phi_2)+\cdots\}\\&+I_1\sin(\omega t+\theta_1+\phi_1)\cdot\{I_0+I_1\sin(\omega t+\theta_1+\phi_1)\\&+I_2\sin(2\omega t+\theta_2+\phi_2)+\cdots\}+I_2\sin(2\omega t+\theta_2+\phi_2)\\&\cdot\{I_0+I_1\sin(\omega t+\theta_1+\phi_1)+I_2\sin(2\omega t+\theta_2+\phi_2)+\cdots\}\\&+I_3\sin(3\omega t+\theta_3+\phi_3)\cdot\{\cdots\}+\cdots\cdots I_n\sin(n\omega t+\theta_n+\phi_n)\\&\cdot\{\cdots\}+\cdots\end{aligned}$$

であり，基本波１周期分の積分を計算する場合には異なる周波数の積分はゼロとなるため，結局，

$$P=\frac{1}{T}\left\{V_0I_0T+\sum_{n=1}^{\infty}\int_0^T V_n\sin(n\omega t+\theta_n)\,I_n\sin(n\omega t+\theta_n+\phi_n)\,\mathrm{d}t\right\}$$

第1章 第2章 第3章 第4章 第5章 第6章 第7章 第8章 第9章 第10章 章末問題解答

から

$$P = V_0 I_0 + \frac{1}{2}\sum_{n=1}^{\infty} V_n I_n \cos\phi_n \qquad (4\text{-}15)$$

が得られる．すなわち，高調波交流を含む場合の有効電力は各周波数の交流有効電力と直流分の電力の総和で求められる．

<例題 4-2>　次の回路に $e(t)=100\sin(\omega t+10°)+30\sin(3\omega t+20°)+10\sin(5\omega t+30°)$ を加えた時の電力，力率を求めよ．

ただし，$R=4\,\Omega$，$\omega L=3\,\Omega$ とする．

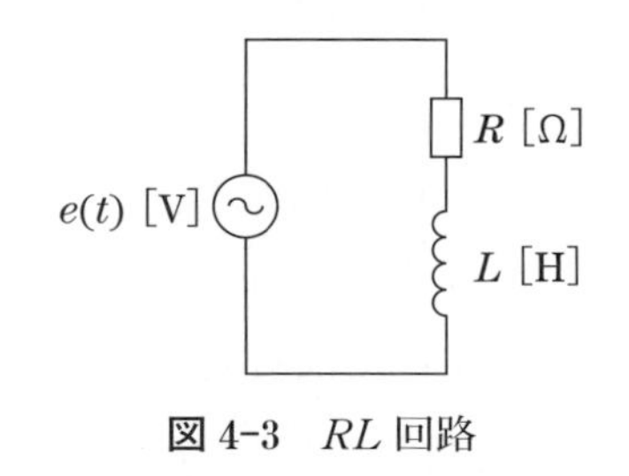

図 4-3　*RL* 回路

<解答>

電力　819 W，力率　77.2％

4-4　相互誘導回路

変圧器を構成する 1 対のコイルからなる**相互誘導回路**を**図 4-4** に示す．コイルの極性により M の符号が変わるが，交流回路としては式 (4-16)，(4-17) の関係が成り立つ．両式を変形して式 (4-18)，(4-19) が導出される．したがって，**図 4-4** は**図 4-5** で示される等価回路で表現することができる．

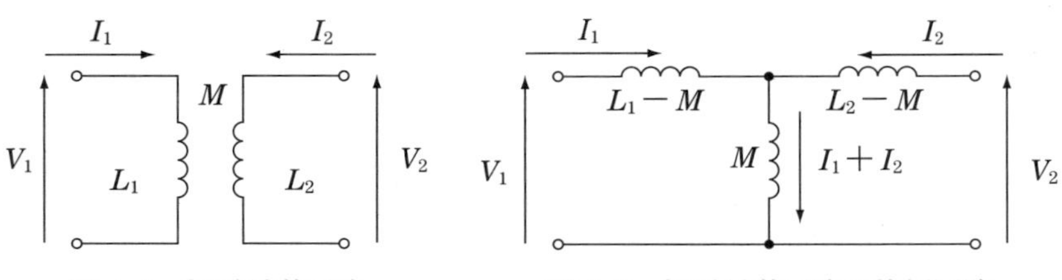

図 4-4　相互誘導回路　　　　図 4-5　相互誘導回路の等価回路

$$V_1=j\omega L_1 I_1+j\omega M I_2 \tag{4-16}$$

$$V_2=j\omega M I_1+j\omega L_2 I_2 \tag{4-17}$$

$$V_1=j\omega(L_1-M)I_1+j\omega M(I_1+I_2) \tag{4-18}$$

$$V_2=j\omega M(I_1+I_2)+j\omega(L_2-M)I_2 \tag{4-19}$$

<例題 4-3>　次の回路の 1-1′ 間のインピーダンスを求めよ．
ただし，j1 等はインダクタンスから求めたリアクタンスである．
コイル間の相互リアクタンスは j1 Ω とする．

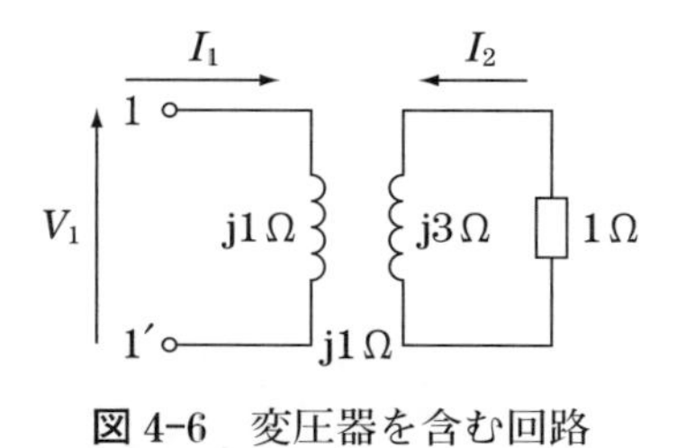

図 4-6　変圧器を含む回路

<解答>

1 次側の KVL より

$$V_1=jI_1+jI_2$$

2 次側の KVL より

$$0=jI_1+j3I_2+I_2$$

上記２式より I_2 を消去し，インピーダンス Z が求められる．

$$Z = V_1/I_1 = (1+\mathrm{j}7)/10$$

4-5 交流ブリッジ

図 4-7（a）に直流回路で抵抗の測定などに使用される**ホイートストンブリッジ**（Wheatstone Bridge）を示す．G で示される検流計に電流が流れないときにブリッジは平衡しているといわれ，その時には各辺の抵抗には下記の関係が成り立ち，a，b が同電位となっている．

$$R_2R_4 = R_1R_3 \tag{4-20}$$

交流でも平衡条件は同様となり，**図 4-7**（b）の交流ブリッジでは次式で与えられる．

$$\dot{Z}_2\dot{Z}_4 = \dot{Z}_1\dot{Z}_3 \tag{4-21}$$

ただし，交流ブリッジの平衡条件は，複素数の等式で与えられるので，インピーダンス積の実部，虚部共に等しいという２条件を満足する必要がある．

交流のブリッジ回路ではキャパシタンス，インダクタンス，周波数等各種の測定に使用されるが，測定回路の詳細については電気計測の

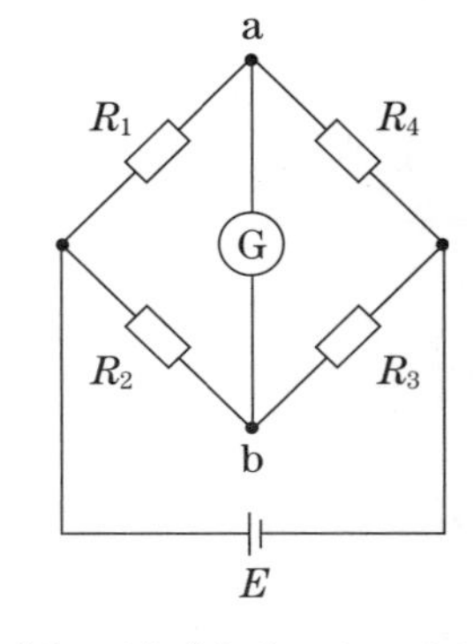

（a）直流ブリッジ（ホイートストンブリッジ）

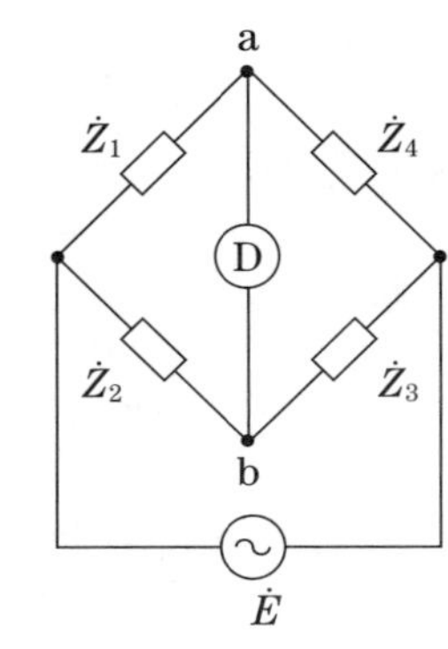

（b）交流ブリッジ

図 4-7　ブリッジ回路

テキスト等を参照して欲しい．次に，**マクスウェルブリッジ**（Maxwell Bridge），**ヘイブリッジ**（Hay Bridge）を紹介する．

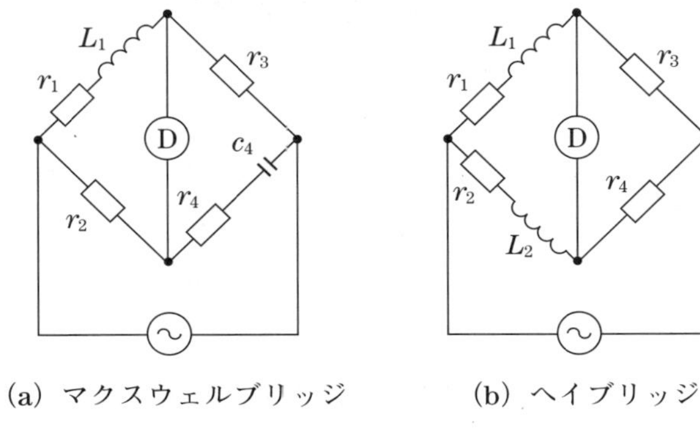

(a) マクスウェルブリッジ　　(b) ヘイブリッジ

図 4-8　交流ブリッジの例

<例題 4-4>　マクスウェルブリッジの平衡条件を求めよ．

<解答>

$R_1(R_4+\mathrm{j}\omega L_4)=R_3(R_2+\mathrm{j}\omega L_2)$　より

　実部　$R_1R_4=R_2R_3$，虚部　$R_1L_4=R_3L_2$

<例題 4-5>　ヘイブリッジの平衡条件を求めよ．

<解答>

$\left(R_1+\dfrac{1}{\mathrm{j}\,\omega C_1}\right)(R_4+\mathrm{j}\,\omega L_4)=R_2R_3$　より

　実部　$R_1R_4+\dfrac{L_4}{C_1}=R_2R_3$，虚部　$R_1\omega L_4=\dfrac{R_4}{\omega C_1}$

章末問題 4

1 図 4-9 の回路を流れる電流 $i(t)$ を求めよ.

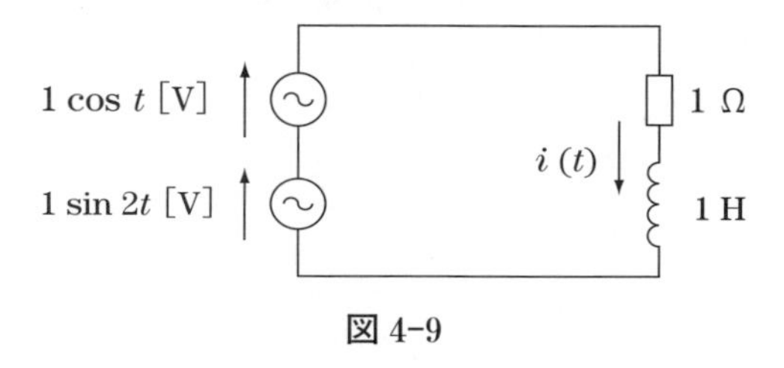

図 4-9

2 図 4-10 の回路について下記の問いに答えよ.

(1) 抵抗に加わる整流波形の最大値を求めよ.

(2) 整流波形の平均値を求めよ.

(3) 整流波形の実効値を求めよ.

(4) 式 (4-8), (4-9) により整流波形の波高率, 波形率を求めよ.

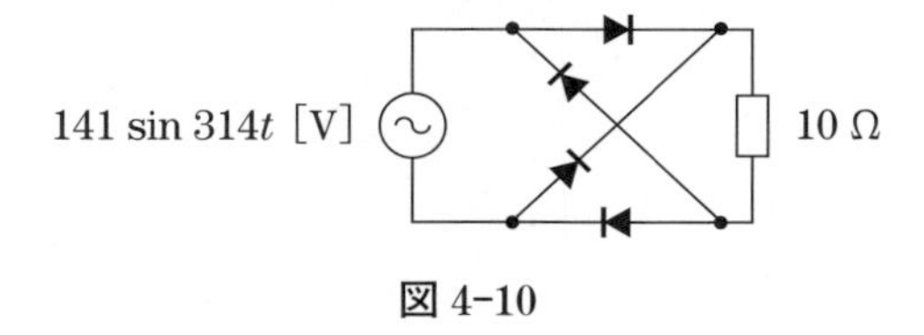

図 4-10

3 図 4-11 の**キャンベルブリッジ**の平衡条件を求めよ. ただし, 回路中の交流検流計 D の指示が零の時が平衡である.

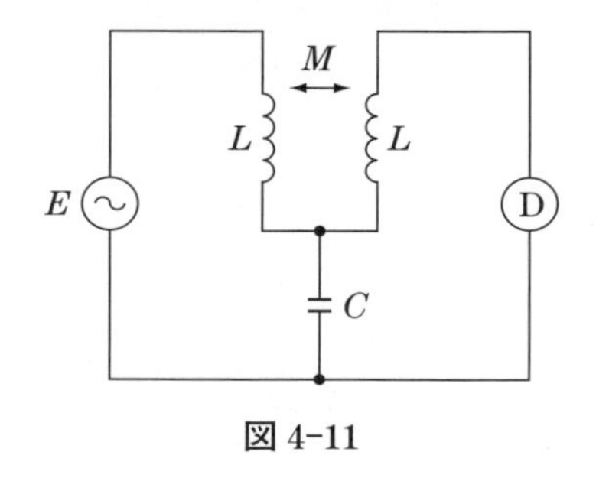

図 4-11

第5章　回路方程式

本章で扱う回路方程式には節点方程式，網路方程式，閉路方程式，カットセット方程式の４種がある．回路方程式は基本的にはキルヒホッフの電圧則（KVL），キルヒホッフの電流則（KCL）から導かれる．節点方程式とカットセット方程式はKCLを，網路方程式と閉路方程式はKVLを元にしている．

方程式を導くためには，回路を解析するために必要十分な未知数を決定した後，立式する必要がある．本章ではその回路方程式の導出手順を決定するため，回路を図形として体系的に扱う方法としてグラフ理論を用いる．ここではグラフ理論のうち回路解析に直結する部分のみを簡単に紹介した．また，回路方程式の立式後に解を求めるためには，行列の計算に関する知識が必要となる．

☆この章で使う基礎事項☆

基礎 5-1　キルヒホッフの電圧則と電流則

キルヒホッフの電圧則（KVL），キルヒホッフの電流則（KCL）は1-2節で示したとおりである．

KVL は「閉路（閉じた一巡の回路）の電圧の代数和はゼロになる」と表現できる．負荷での電圧降下はすべて電圧を（−）の符号とし，電圧源においては，閉路に向きを定めて，その向きに電流を流す方向の電圧源を（+），逆向きの電圧源を（−）として和を求める．

一方，**KCL** は「ある節点に流入する電流源の代数和はゼロになる」と表現できる．KCLにおいては電源，負荷に関わらず節点（回路の接合点）に流入する電流を（+），流出する電流を（−）の符号として代数和を求める．

基礎 5-2　行列の計算

後ほど本章で説明するが，たとえば回路の電流を求めるためには，閉路電流を列ベクトルとする $\dot{I}$ を未知数として，次式の閉路方程式を導く．

$$\dot{Z}\dot{I}=\dot{E} \tag{5-1}$$

行列で与えられた式（5-1）から $\dot{Z}$ の逆行列を求めることにより，次式により電流が求められる．

$$\dot{I}=\dot{Z}^{-1}\dot{E} \tag{5-2}$$

$\dot{Z}$ が２行２列 $\begin{pmatrix} A & B \\ C & D \end{pmatrix}$ であれば，$\dot{Z}^{-1}=\dfrac{1}{AD-BC}\begin{pmatrix} D & -B \\ -C & A \end{pmatrix}$ である．３次以上の逆行列の導出については，別途，線形代数のテキストを参照されたい．ここで，$\dot{Z}$ の各成分は，交流ではインピーダンスとして複素数で計算することになるので注意されたい．もちろん直流回路では抵抗のみで実数となる．

5-1　グラフ理論の概要

節点方程式，網路方程式は回路が定まればほぼ自動的に方程式が定まるが，閉路方程式，カットセット方程式については一意に定まらず，方程式を立てる際に注目する部分や未知数となる変数を自分で選択する必要がある．その手順を決定するため，回路を図形として体系的に扱う方法としてグラフ理論を用いることが可能である．ここでは回路方程式導出に必要なグラフ理論とその適用方法を簡単に紹介する．

(1)　グラフ理論で扱う用語

- グラフ：回路の接続状況を線の接続で表した図．
- **節点**：回路の連結点．
- **枝**：節点と節点を結ぶもの．
- **閉路**：1周の枝が接続され閉じたグラフ．
- **木**：すべての節点を含み，かつ閉路のないように連結されたグラフ．
- **木枝**：木を構成する枝．
- **補木**：元のグラフから木を取り去った残りのグラフ．
- **連結**：節点と節点が枝で接続されている状態．
- **カットセット**：連結グラフのなかで，1つ以上の枝を選び，その枝を取り去ることによってグラフをちょうど2つの分離成分を持つ非連結グラフにすることができるとき，取り去った枝の集合をカットセットという．

n 個の節点と b 本の枝から構成される回路のグラフを考える．木はいろいろな選び方があるが，どの木でも木枝の本数は節点の数より1本少なく，$n-1$ 本となる．また，補木枝の数は枝の数から木枝の数を引いた $b-(n-1)=b-n+1$ となる．

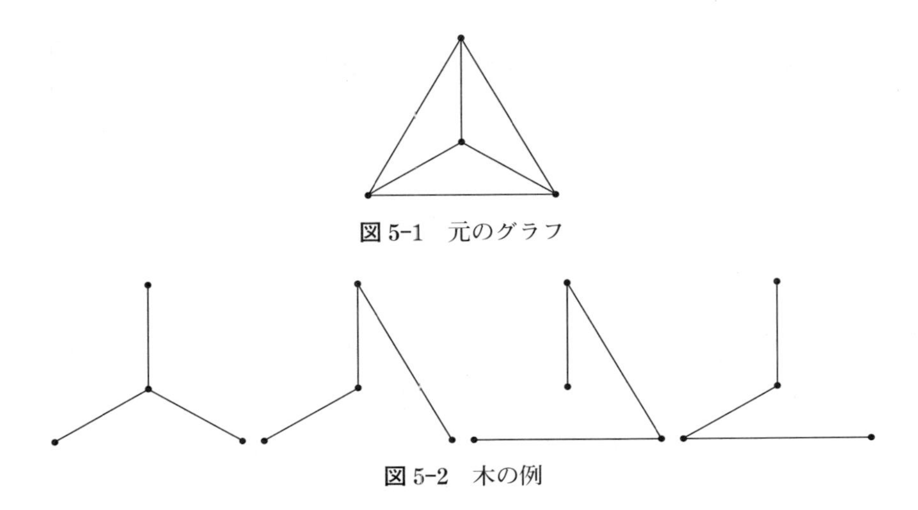

図 5-1　元のグラフ

図 5-2　木の例

(2)　基本閉路集合

閉路方程式を決めるため，基本閉路の組み合わせを決める．グラフにおいて木を決めると，$b-n+1$ 個の補木枝が決まる．１つの補木枝のみを含み，他の補木枝を含まない閉路を**基本閉路**と呼び，$b-n+1$ 個の基本閉路を基本閉路集合と呼ぶ．基本閉路集合に KVL を適用すると閉路方程式が得られる．

(3)　基本カットセット集合

カットセット方程式を決めるための，カットセットの組み合わせを決める．グラフにおいて $n-1$ 個の木枝を決め，その木枝のみを含み他の木枝を含まないようなカットセットを**基本カットセット**と呼ぶ．$n-1$ 個の基本カットセットを基本カットセット集合と呼ぶ．基本カットセット集合に KCL を適用するとカットセット方程式が得られる．

<例題 5-1>　**図 5-3** のグラフにおいて，太線で表された木に対応する基本閉路集合，基本カットセット集合を求めよ．

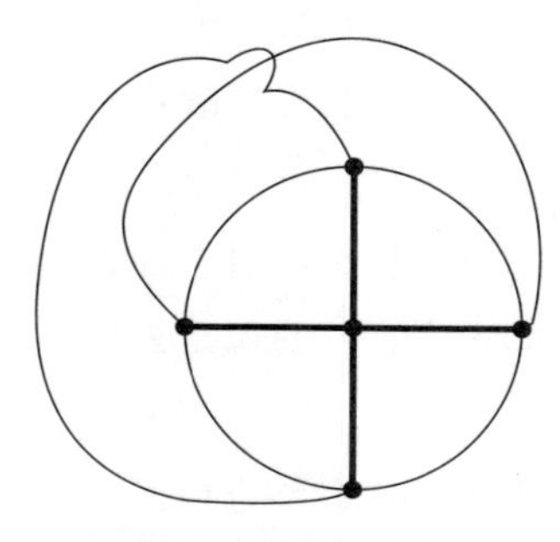

図 5-3　回路のグラフ

<解答>

基本閉路は各補木枝に１つあり，10－5+1=6 の基本閉路がある．**図 5-4** 参照．

基本カットセットは各木枝に１つあり，5－1=4 の基本カットセットがある．**図 5-5** 参照．

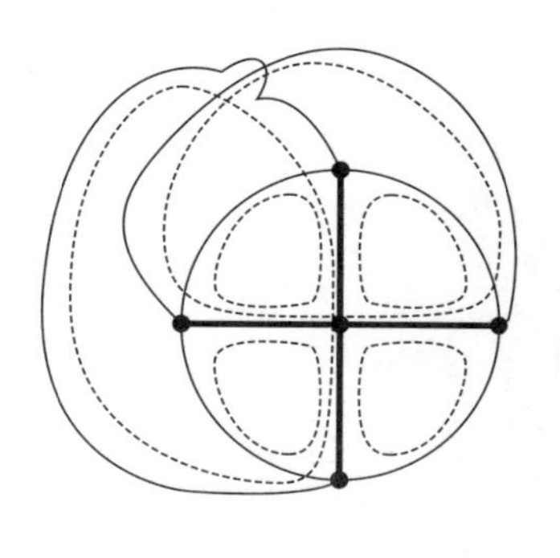

図 5-4　基本閉路集合

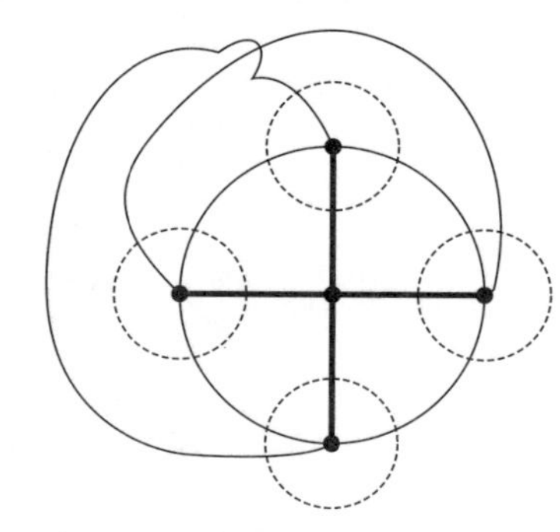

図 5-5　基本カットセット集合

5-2 網路方程式

網路とは，その中に閉路を持たない最小の閉路のことで，平面回路の場合，網路の組み合わせは1種類に限られるため，回路が決まると自動的に網路集合が決定される．そこで，網路方程式では網路電流を未知数として，各網路にKVLを適用することにより，**網路方程式**が導かれる．立体回路では網路が一意に定まらないため，網路方程式は適用されない．

それでは**図5-6**の回路を例に網路方程式を導こう．

まず網路に番号をつけ，あわせて未知数となる網路電流に同じ番号をつける．網路には電流の流れる向きを表す方向を決める．機械的に時計回りにつければよい．次に各網路のKVLを求める．ここで各枝に流れる電流は網路電流の和で表せることに注意する．たとえば，R_5 に流れる電流は下向きに I_1-I_2 となる．同様に R_4 に流れる電流は①向きに I_1-I_3，R_3 に流れる電流は②向きに I_2-I_3 となる．

①のKVLはすべての枝の電圧降下の総和が0になると表現でき，次式で求められる．

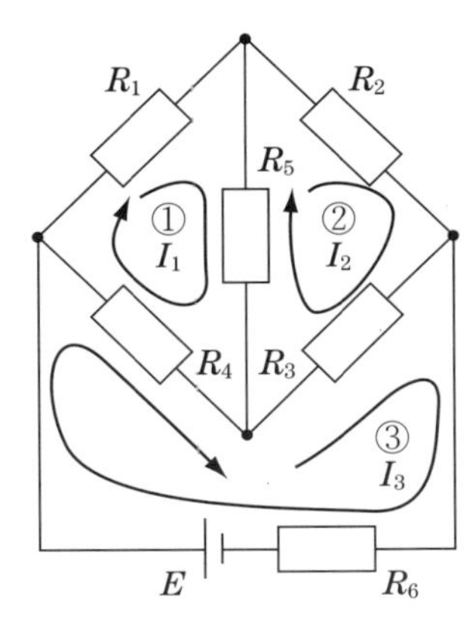

図5-6　網路方程式

$$R_1I_1+R_5(I_1-I_2)+R_4(I_1-I_3)=0 \tag{5-3}$$

次に②の KVL も同様に，

$$R_2I_2+R_3(I_2-I_3)+R_5(I_3-I_1)=0 \tag{5-4}$$

次に③には電源が含まれるが，その向きは③の向きに電流を流す極性であることに注意して，電源＝電圧降下の総和という式で KVL を表現すると下記の式になる．

$$E=R_4(I_3-I_1)+R_3(I_3-I_2)+R_6I_3 \tag{5-5}$$

式（5-5）の左辺の E を右辺に移項すれば，E に－の符号がつき，電圧降下ではなく電位の上昇を表すことになる．

式（5-3）～式（5-5）を①，②，③の方程式の順序に従い，行列にまとめると

$$\begin{pmatrix} R_1+R_4+R_5 & -R_5 & -R_4 \\ -R_5 & R_2+R_3+R_5 & -R_3 \\ -R_4 & -R_3 & R_3+R_4+R_6 \end{pmatrix}\begin{pmatrix} I_1 \\ I_2 \\ I_3 \end{pmatrix}=\begin{pmatrix} 0 \\ 0 \\ E \end{pmatrix} \tag{5-6}$$

となる．これが網路方程式であり，その係数行列を**網路行列**と呼ぶ．ここで，網路行列は対称行列になっていることが確認できる．また，各成分を見ると n 行目の対角成分は n 番目の網路に含まれる抵抗の総和であり，対角成分以外の（n，m）成分は n 番目の網路と m 番目の網路に共通に含まれる抵抗に（－）をつけたものになっており，右辺は網路に含まれる網路の向きに電流を流す極性を（＋）とした電源となっていることが分かる．

5-3 節点方程式

節点方程式を導くためには，まず基準電位を設定する必要がある．基準電位が定まっていない場合，すなわちどの節点も接地されていない場合，1つの節点を選び接地し，0 V と定める．続いて，残りの節

点すべてについて，隣接する節点との間のコンダクタンスを通じて節点から流出する電流の総和が，接続された電流源から節点に流入する電流の総和と等しいという KCL の式を立てればよい．

それでは**図 5-7** の回路において節点方程式の立て方を説明する．

4つの節点に V_1, V_2, V_3, V_4 の節点電圧を設定する．ここでは節点4がアースされているので，$V_4=0$ である．それ以外の節点に下記の式を立てる．

$$\Sigma \text{コンダクタンスを通じ流出する電流} = \Sigma \text{流入する電流源} \tag{5-7}$$

節点①について

$$g_1(V_1-V_3)+g_3(V_1-V_2)=J_1+J_2 \tag{5-8}$$

節点②について

$$g_3(V_2-V_1)+g_2V_2=-J_2 \tag{5-9}$$

節点③について

$$g_1(V_3-V_1)+g_4V_3=-J_1+J_3 \tag{5-10}$$

以上を行列に整理すると，次式の節点方程式が得られる．

$$\begin{pmatrix} g_1+g_3 & -g_3 & -g_1 \\ -g_3 & g_2+g_3 & 0 \\ -g_1 & 0 & g_1+g_4 \end{pmatrix}\begin{pmatrix} V_1 \\ V_2 \\ V_3 \end{pmatrix}=\begin{pmatrix} J_1+J_2 \\ -J_2 \\ -J_1+J_3 \end{pmatrix} \tag{5-11}$$

係数行列（**節点行列**）は対称行列になっており，n 行目の対角成分は，節点 n に接続されたコンダクタンスの和であり，mn 成分は節点

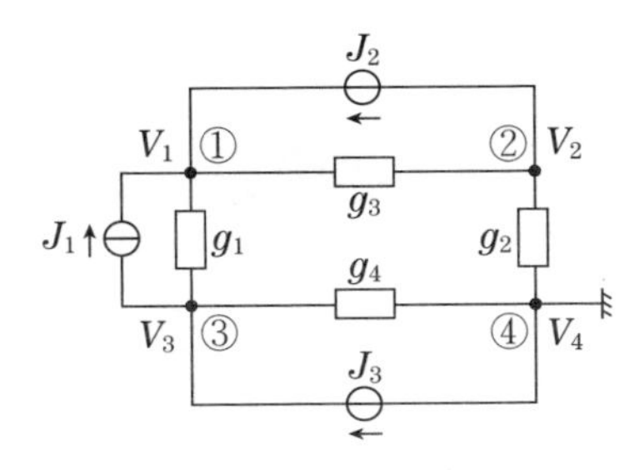

図 5-7　節点方程式

m と節点 n を結ぶコンダクタンスに（−）をつけたものになっている．また右辺は節点 n に流入する電流源の代数和となっている．すなわち流入分は（+），流出分は（−）の符号がつく．

5-4 閉路方程式

閉路方程式を導くためには，「この章で使う基礎事項」で示したように，基本閉路集合を定める必要がある．その基本閉路集合について，閉路番号順に KVL を立式すればよい．

それでは**図 5-8** の回路を用いて説明する．**図 5-9** のように回路をグラフで表し，太線に示すように木を定める．さらにその木に対応する基本閉路集合を定め，閉路電流を未知数とした閉路方程式を導く．閉路①から⑤の閉路電流を I_1〜I_5 として閉路方程式を求める．

まず閉路①の KVL より，

$$-E_1=R_1I_1+R_4(I_1-I_2-I_4)+R_6(I_1-I_3) \tag{5-12}$$

閉路②の KVL より，

$$E_5-E_2=R_4(I_2-I_1+I_4)+R_2I_2+R_5(I_2-I_3+I_5) \tag{5-13}$$

閉路③の KVL より，

$$E_3-E_5=R_6(I_3-I_1)+R_5(I_3-I_2-I_5)+R_3I_3 \tag{5-14}$$

閉路④の KVL より，

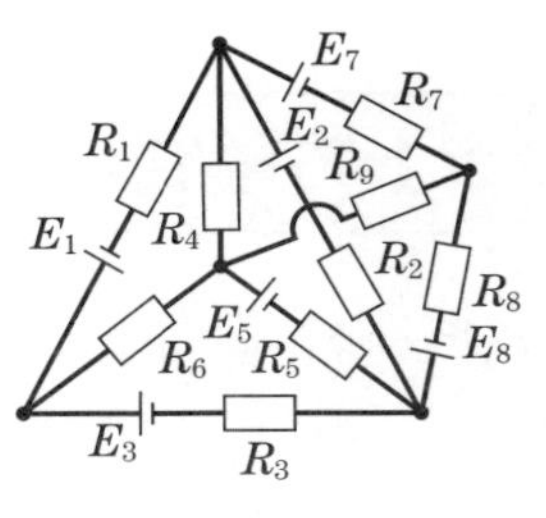

図 5-8　閉路方程式

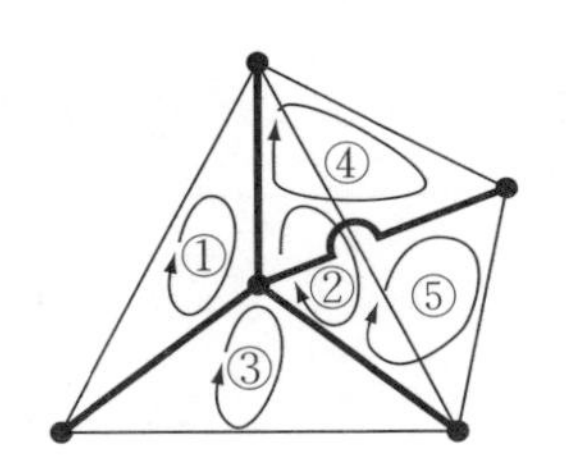

図 5-9　回路のグラフ

$$-E_4 = R_7 I_4 + R_9(I_4 - I_5) + R_4(I_4 - I_1 + I_2) \qquad (5\text{-}15)$$

閉路⑤の KVL より，

$$E_5 + E_8 = R_9(I_5 - I_4) + R_8 I_5 + R_5(I_5 + I_2 - I_3) \qquad (5\text{-}16)$$

以上，式（5-12）～式（5-16）を行列にまとめると，

$$\begin{pmatrix} R_1+R_4+R_6 & -R_4 & -R_6 & -R_4 & 0 \\ -R_4 & R_2+R_4+R_5 & -R_5 & R_4 & R_5 \\ -R_6 & -R_5 & R_3+R_5+R_6 & 0 & -R_5 \\ -R_4 & R_4 & 0 & R_4+R_7+R_9 & -R_9 \\ 0 & R_5 & -R_5 & -R_9 & R_5+R_8+R_9 \end{pmatrix} \begin{pmatrix} I_1 \\ I_2 \\ I_3 \\ I_4 \\ I_5 \end{pmatrix} = \begin{pmatrix} -E_1 \\ E_5-E_2 \\ E_3-E_5 \\ -E_7 \\ E_5+E_8 \end{pmatrix} \qquad (5\text{-}17)$$

(5, 3) 成分
閉路５，閉路３に共通に含まれる抵抗.
閉路電流の向きが逆なので (−) の符号.

(5, 2) 成分
閉路５，閉路２に共通に含まれる抵抗.
閉路電流の向きが同じなので (+) の符号.

となる．これが閉路方程式である．この式（5-17）の係数行列（**閉路行列**）を確認すると，(n, n) 成分は閉路 n に含まれる抵抗を表すことがわかる．また，(n, m) 成分（ただし，$n \neq m$）は閉路 n，閉路 m に共通に含まれる抵抗に閉路の向きが同じ場合には正の符号，閉路の向きが逆の場合には負の符号をつけた値の総和となっている．また右辺は，閉路の向きに電流を流す方向の電圧源を正とした，閉路に含まれる電圧源の総和である．

5-5 カットセット方程式

ここではカットセット方程式の導出について説明する．**図 5-10** において**図 5-11** のように木枝電圧 V_{t1}，V_{t2}，V_{t3} と，基本カットセット集合 C_1，C_2，C_3 を定める．カットセット方程式では木枝電圧が未

知数となるが，**図 5-11** のように電圧は方向性をもって定める．ここで，カットセットから電流が流出する向きを正にカットセットを選んでいることに注意する．

各カットセットにおいて下記の式で KCL が表記される．

Σ 流入する電流源

=Σ コンダクタンスを通じ流出する電流　(5-18)

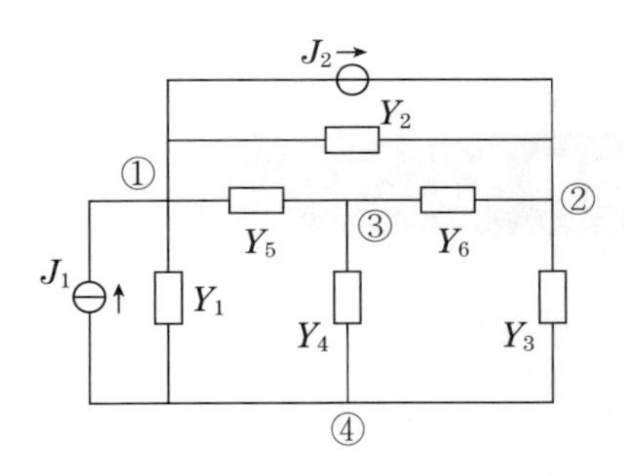

図 5-10　カットセット方程式

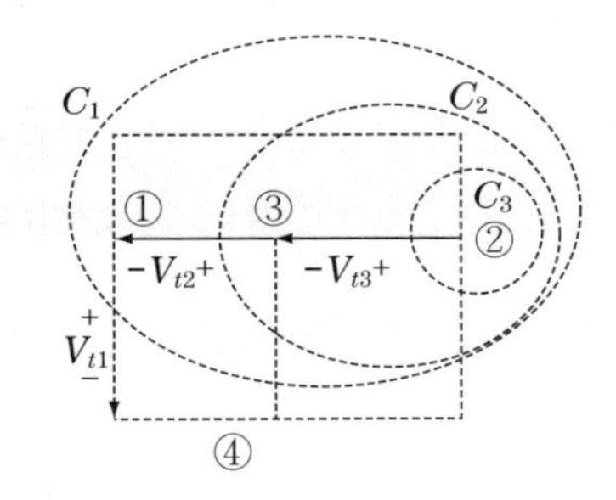

図 5-11　基本カットセット集合

ここで，各コンダクタンスを通じ流出する電流は，隣接する節点との電位差と接続されたアドミタンスの積で表される．また各コンダクタンスに加わる電位差はすべて，木枝電圧の和で表すことができる．

カットセット方程式は基本カットセット集合に対する広義の KCL により導かれる．狭義の KCL である「節点に対する KCL」を拡張し，「カットセットに対する KCL」を適用している．

カットセット C_1 に対する KCL は

$$J_1 = Y_1 V_{t1} + Y_4 (V_{t1} + V_{t2}) + Y_3 (V_{t1} + V_{t2} + V_{t3}) \quad (5\text{-}19)$$

カットセット C_2 に対する KCL は

$$J_2 = Y_5 V_{t2} + Y_4 (V_{t1} + V_{t2}) + Y_3 (V_{t1} + V_{t2} + V_{t3}) + Y_2 (V_{t2} + V_{t3}) \quad (5\text{-}20)$$

カットセット C_3 に対する KCL は

$$J_2 = Y_6 V_{t3} + Y_3 (V_{t1} + V_{t2} + V_{t3}) + Y_2 (V_{t2} + V_{t3}) \quad (5\text{-}21)$$

以上，式 (5-19)～式 (5-21) をまとめると，

$$\begin{pmatrix} J_1 \\ J_2 \\ J_2 \end{pmatrix} = \begin{pmatrix} Y_1+Y_3+Y_4 & Y_3+Y_4 & Y_3 \\ Y_3+Y_4 & Y_2+Y_3+Y_4+Y_5 & Y_2+Y_3 \\ Y_3 & Y_2+Y_3 & Y_2+Y_3+Y_6 \end{pmatrix} \begin{pmatrix} V_{t1} \\ V_{t2} \\ V_{t3} \end{pmatrix} \tag{5-22}$$

となる．これがカットセット方程式であり，係数行列を**カットセット行列**と呼ぶ．

章末問題５

1　図 5-12 の網路方程式を求め，電流 I を求めよ．

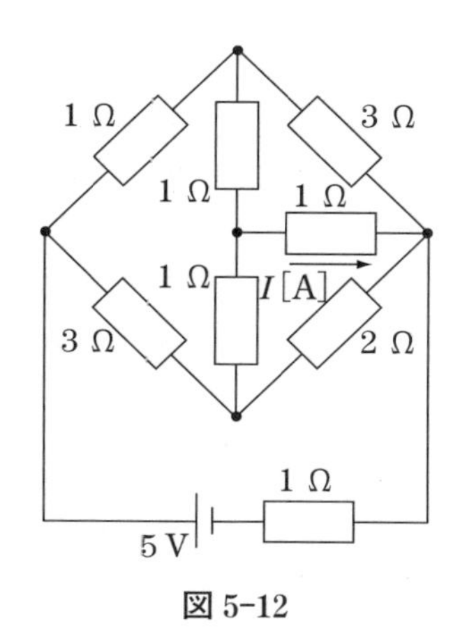

図 5-12

2 図 5-13 の節点方程式を求め，電圧 V_1 を求めよ．

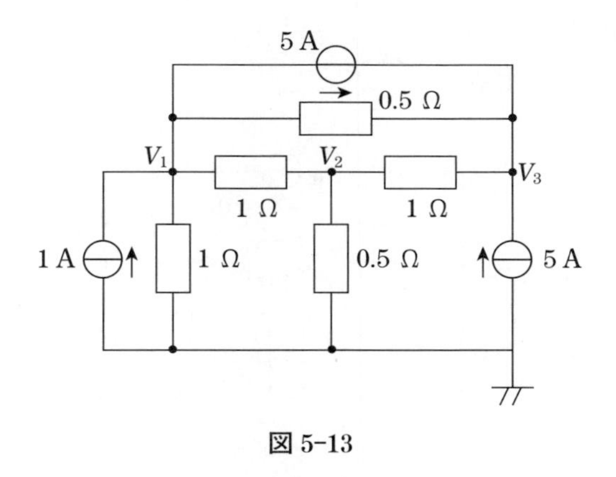

図 5-13

3 図 5-14 のように立方体回路の各辺に 1 Ω の抵抗が接続され，そのうち 1 辺にのみ 5 V の電圧源が接続された場合，電圧源に流れる電流 I を求めよ．

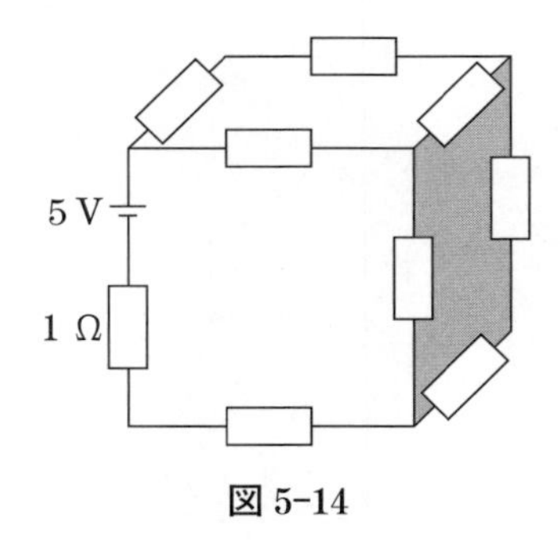

図 5-14

4　**図 5-15** の回路についてカットセット方程式を求め，④を接地した時の①の電位 V_1 を求めよ．ただし，カットセットの選び方は**図 5-11** に従うものとする．

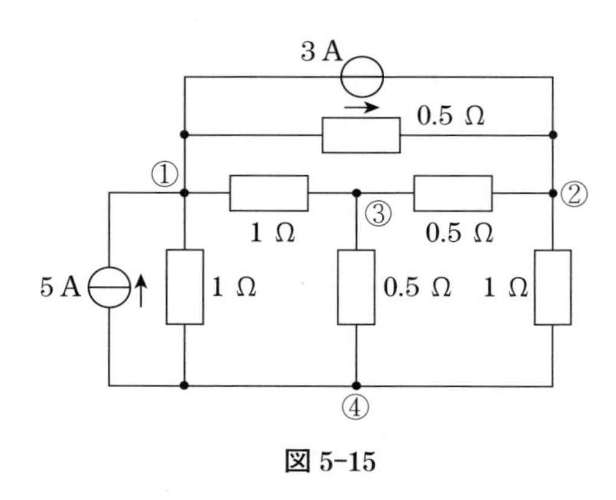

図 5-15

第6章　過渡解析

これまで第1章から第5章まで扱った回路の解析は一般に**定常解析**と呼ばれている．例えば回路に含まれるスイッチの切換による回路の変化で生じた電流，電圧の一時的な（過渡的な）変化は解析の対象とせず，回路に安定した電流，電圧が加わった状態の電流と電圧を求める解析方法である．

本章では回路内のスイッチが切り替わるなど，回路が変化した直後から定常状態に至るまでの過渡的な電流，電圧を求めることを対象とした**過渡解析**を説明する．

☆この章で使う基礎事項☆

基礎 6-1　微分方程式の解法

回路解析で頻出する微分方程式は（6-1）のような**斉次方程式**と（6-2）のような**非斉次方程式**に分かれる．

$$a\frac{\mathrm{d}i}{\mathrm{d}t}+bi=0,\quad a\frac{\mathrm{d}^2i}{\mathrm{d}t^2}+b\frac{\mathrm{d}i}{\mathrm{d}t}+ci=0 \tag{6-1}$$

$$a\frac{\mathrm{d}i}{\mathrm{d}t}+bi=f(t),\quad a\frac{\mathrm{d}^2i}{\mathrm{d}t^2}+b\frac{\mathrm{d}i}{\mathrm{d}t}+ci=f(t) \tag{6-2}$$

<斉次方程式の解法>

まず，斉次方程式の解法について説明する．１階微分方程式では変数分離などの方法もあるが，ここでは階数に関わらず利用できる特性方程式を用いた方法を説明する．解の形として $i(t)=A\mathrm{e}^{st}$ と仮定して，微分方程式に代入して得られる s の方程式が**特性方程式**であり，$i(t)$ の係数が定数項，$\mathrm{d}i/\mathrm{d}t$ の係数が s の係数，$\mathrm{d}^2i/\mathrm{d}t^2$ の係数が s^2 の係数となる．

すなわち，（6-1）の特性方程式はそれぞれ式（6-3）となる．

$$as+b=0,\ as^2+bs+c=0 \tag{6-3}$$

ここからは特性方程式の解によって微分方程式の解の形が決まる．

$as+b=0$ の解を $s=-\dfrac{b}{a}\equiv-\alpha$ とすると，$a\dfrac{\mathrm{d}i}{\mathrm{d}t}+bi=0$ の解は

$$i(t)=A\mathrm{e}^{-\alpha t} \tag{6-4}$$

ただし，A は例えば $t=0$ の値 $i(0)$ などの初期条件で決まる．

次に，$as^2+bs+c=0$ の解は２次方程式の解として次の三つに場合分けされるので，場合ごとに $i(t)$ の解の形が決まる．

①　異なる２実数解 $s=\alpha, \beta$ の時（**過減衰：Over dumping**）

$$i(t)=A\mathrm{e}^{\alpha t}+B\mathrm{e}^{\beta t} \tag{6-5}$$

② 2重解 $s=\alpha$ の時（**臨界減衰：Critical dumping**）

$$i(t)=A\mathrm{e}^{\alpha t}+Bt\mathrm{e}^{\alpha t} \tag{6-6}$$

③ 異なる2虚数解 $s=\sigma\pm j\omega$ の時（**不足減衰：Under dumping**）

$$i(t)=\mathrm{e}^{\alpha t}(A\sin\omega t+B\cos\omega t) \tag{6-7}$$

ここで，A, B はいずれも初期値，$i(0)$，$\mathrm{d}i(0)/\mathrm{d}t$ によって求められる．

<非斉次方程式の解法>

非斉次の微分方程式の解は原関数や導関数の線形結合で $f(t)$ が与えられることから，$f(t)$ に関係する関数を想定して，式（6-2）を満足する関数を仮定して解の一部を求める．その解のことを**特解**と呼び，式（6-2）の $f(t)$ が0の斉次方程式（6-1）の解を**余関数**と呼ぶ．式（6-3）の**一般解**は以下のように特解と余関数の和で与えられる．本書では非斉次微分方程式（6-2）の特解は大文字で $I(t)$ と表し，余関数は $i_0(t)$ と表す．

$$\text{一般解 } i(t)=\text{特解 } I(t)+\text{余関数 } i_0(t) \tag{6-8}$$

実際に解を求める場合は，一般解に含まれる未定係数を初期条件によって求めて，**完全解**として求めることが必要になる．

6-1　回路の電圧と電流の関係

本節では回路素子に流れる電流と電圧の関係式をオームの法則を元に表す．コイル，コンデンサについても電圧降下という基準で定義するとき，電圧の向きは抵抗 R と一致させる方が混乱せずに済む．

R，L，C の電流，電圧を**図 6-1** のように定める．

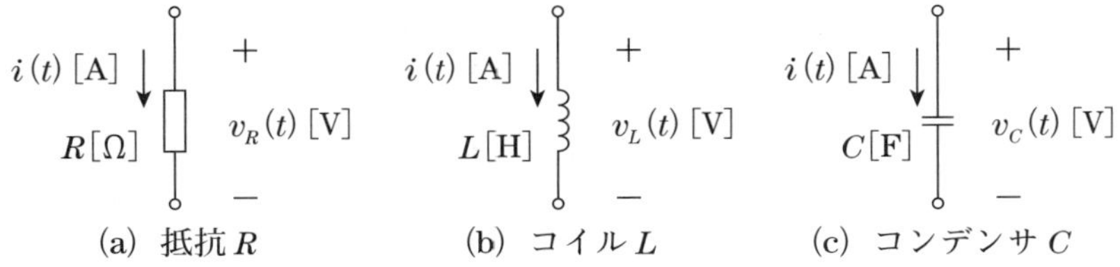

図 6-1　回路素子の電流，電圧

抵抗 R の電流電圧の関係は，オームの法則のとおり以下のように示される．

$$v_R(t)=Ri(t) \tag{6-9}$$

コイルの電圧降下は電流の変化率に比例し，その比例係数がインダクタンス L であるから，コイル L の電流電圧の関係は，以下のように示される．

$$v_L(t)=L\frac{\mathrm{d}i(t)}{\mathrm{d}t} \tag{6-10}$$

コンデンサでは蓄えられた電荷 $q(t)$ と電圧 $v_C(t)$ の間には，物理ですでに学習したとおり，以下の関係がある．

$$q(t)=C\cdot v_C(t) \tag{6-11}$$

ここでコンデンサに流れる電流は電荷の増加率であるから，

$$i(t)=\frac{\mathrm{d}q(t)}{\mathrm{d}t}=C\cdot\frac{\mathrm{d}v_C(t)}{\mathrm{d}t} \tag{6-12}$$

6-2　回路の応答

本章では回路内のスイッチが切り替わるなど，回路が変化した直後から定常状態に至るまでの過渡的な電流，電圧を求めることを対象とした過渡解析を説明する．回路に与えられた変化に対し，回路の一部に流れる電流や電圧を出力と考えることにすると，入力として与えられた電源の電圧，電流に対する出力として生じた電圧，電流を回路の

応答と呼ぶ.

回路の応答を求めるためには，回路に適用されるKCL，KVLを用いて回路が満たす微分方程式を求めることになる．ここでは代表的な回路の構成について，回路の方程式を導き，回路の応答を求める.

(1)　*RL* 回路

①　直流電圧を印加した場合

図 6-2 の回路で，スイッチSWを $t=0$ で入れる場合の電流 $i(t)$ ならびに $v_L(t)$ を求めたい.

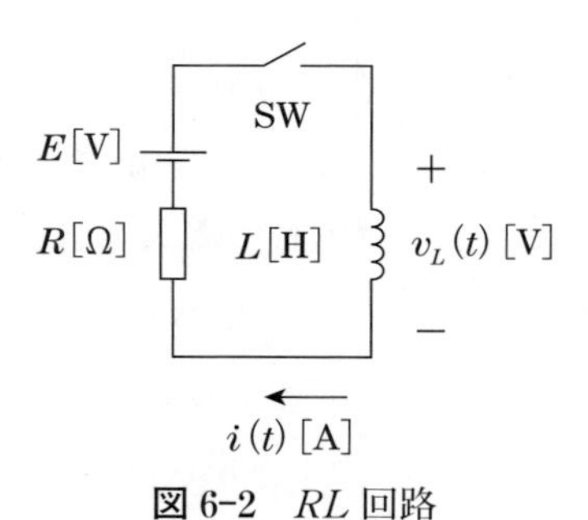

図 6-2　*RL* 回路

回路のKVLを求めると,

$$E = Ri(t) + L\frac{\mathrm{d}i(t)}{\mathrm{d}t} \tag{6-13}$$

式（6-13）を $i(0)=i_0$ の初期条件のもとに解くと

$$i(t) = \underbrace{\frac{E}{R}}_{\text{定常項}} + \underbrace{\left(i_0 - \frac{E}{R}\right)\mathrm{e}^{-\frac{R}{L}t}}_{\text{過渡項}} \tag{6-14}$$

となり，**定常項**，**過渡項**に分かれる．定常項は一定の値（場合によっては交流）であり，過渡項は一定時間を経て減衰する成分である.

たとえば $i(0)=i_0$ の場合の応答をグラフで示すと**図 6-3** のようになる.

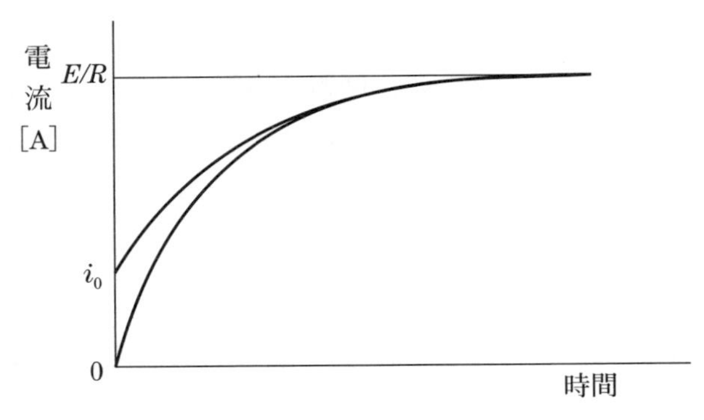

図 6-3　RL 回路の応答

また，式（6-14）は下記の式（6-15）のように書き換えることもできる．この式では，入力電圧 E によって定まる項（**零状態応答**）と，初期状態 $i(0)=i_0$ によって定まる項（**零入力応答**）に区別される．零状態応答とは，回路がエネルギー零状態にある状態から入力電圧を与えられて生じる応答である．また零入力応答とは，回路に電源（入力電圧等）が与えられることなしに，回路の初期状態により生じる応答である．

$$i(t)=\underbrace{\frac{E}{R}\left(1-\mathrm{e}^{-\frac{R}{L}t}\right)}_{\text{零状態応答}}+\underbrace{i_0\mathrm{e}^{-\frac{R}{L}t}}_{\text{零入力応答}} \tag{6-15}$$

② 直流電圧を切断した場合

図 6-4 の回路においてスイッチ SW が閉じられていて十分時間が経過後，$t=0$ でスイッチを開いたときのコイルに流れる電流を求めたい．SW が開かれると回路に電源はもはや存在せず，電流は零入力応答のみとなる．$t \geqq 0$ での回路の KVL は下記のとおりである．

$$Ri(t)+ri(t)+L\frac{\mathrm{d}i(t)}{\mathrm{d}t}=0 \tag{6-16}$$

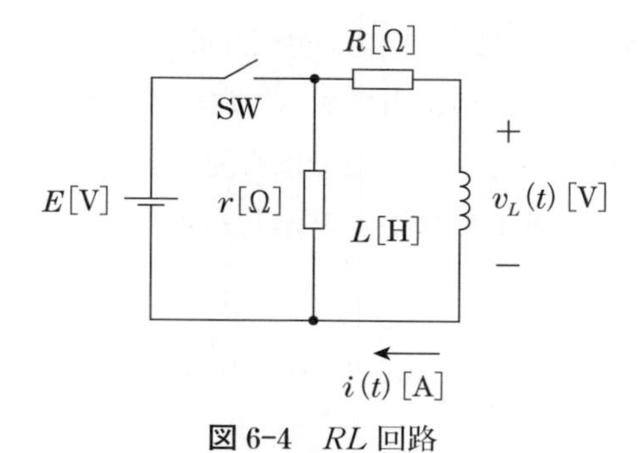

図 6-4　*RL* 回路

ここで，スイッチを開く直前の電流は $i(0)=E/R$ でこちらが回路の初期状態となり，式（6-16）を解くと，下記の解が得られる．

$$i(t)=\frac{E}{R}\mathrm{e}^{-\frac{r+R}{L}t} \tag{6-17}$$

③　交流電圧を印加した場合

図 6-5 のように *RL* 回路に交流電源を接続し，$t=0$ でスイッチ SW を On とした場合の応答を求めたい．回路の KVL より，

$$E\sin(\omega t+\phi)=Ri(t)+L\frac{\mathrm{d}i(t)}{\mathrm{d}t} \tag{6-18}$$

式（6-18）を初期条件 $i(0)=0$ の下で解く．

特解 $I(t)$ は電源が $E\sin(\omega t+\phi)$ であることから，

$$I(t)=I\sin(\omega t+\phi-\theta)$$

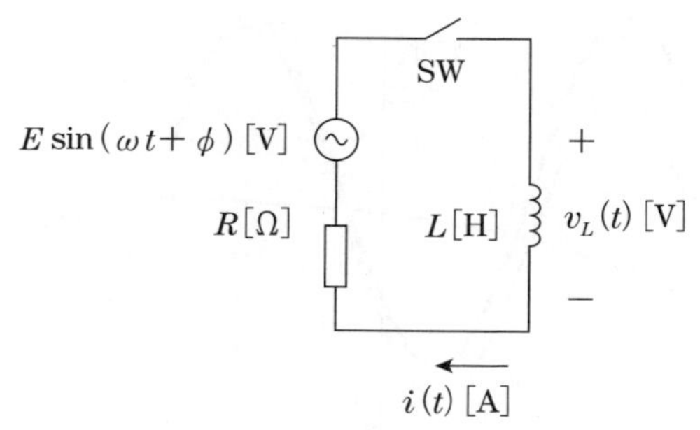

図 6-5　*RL* 回路＋交流電源

とおいてI, θを求めればよい．Lを含む回路であり，電流は遅れであるのでθの符号は（$-$）が適当である．$I(t)$を式（6-18）に代入して求めることも可能であるが，ここでは交流の実効値解析であることに気がつけばフェーザ法で解けることがわかる．

実際求めると，

$$I(t)=\frac{E}{\sqrt{R^2+\omega^2L^2}}\sin(\omega t+\phi-\theta),\ \theta=\tan^{-1}\left(\frac{\omega L}{R}\right) \tag{6-19}$$

したがって，完全応答は非斉次方程式の解法にならって，

$$i(t)=\frac{E}{\sqrt{R^2+\omega^2L^2}}\sin(\omega t+\phi-\theta)+A\mathrm{e}^{-\frac{R}{L}t},\ \theta=\tan^{-1}\left(\frac{\omega L}{R}\right) \tag{6-20}$$

さらに初期条件よりAを求めると，

$$A=-\frac{E}{\sqrt{R^2+\omega^2L^2}}\sin(\phi-\theta),\ \theta=\tan^{-1}\left(\frac{\omega L}{R}\right) \tag{6-21}$$

ここで，$\phi-\theta=0$の時は，過渡項の係数が0となり過渡項が現れない．

初期値$i(0)=0$の場合の$i(t)$をグラフに示すと**図6-6**のとおりである．電源位相に対して，スイッチの入る位相と定常項の位相のずれ

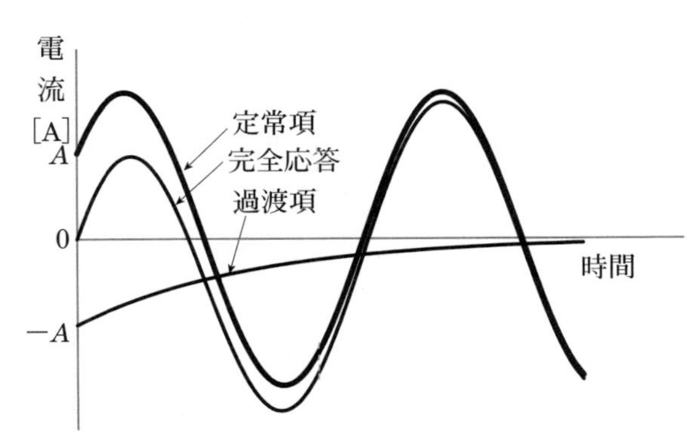

図6-6　RL回路＋交流電源の応答

によって過渡項が生じるが，時間と共に過渡項が消滅し，定常項に収束していることがわかる．

(2) *RC* 回路

① 直流電圧を印加した場合

図 6-7 の回路で，スイッチ SW を $t=0$ で入れる場合の $v_C(t)$ を求めたい．

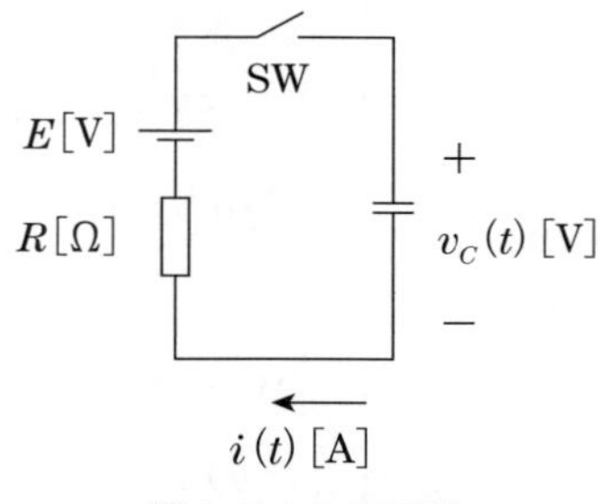

図 6-7 *RC* 回路

回路の KVL を求めると，

$$E=Ri(t)+v_C(t)=RC\frac{\mathrm{d}v_C(t)}{\mathrm{d}t}+v_C(t) \tag{6-22}$$

式 (6-22) を $v_C(0)=v_0$ の初期条件のもとに解くと

$$\underbrace{v_C(t)=E}_{\text{定常項}}+\underbrace{(v_0-E)\mathrm{e}^{-\frac{1}{RC}t}}_{\text{過渡項}} \tag{6-23}$$

となり，定常項，過渡項に分かれる．式 (6-23) は以下のようにも表せる．

$$v_C(t)=\underbrace{E\left(1-\mathrm{e}^{-\frac{1}{RC}t}\right)}_{\text{零状態応答}}+\underbrace{v_0\mathrm{e}^{-\frac{1}{RC}t}}_{\text{零入力応答}} \tag{6-24}$$

上記コンデンサの**充電電圧**の時間的変化を図示すると**図 6-8** のよう

になり，初期電圧より電源電圧まで充電する曲線となる．

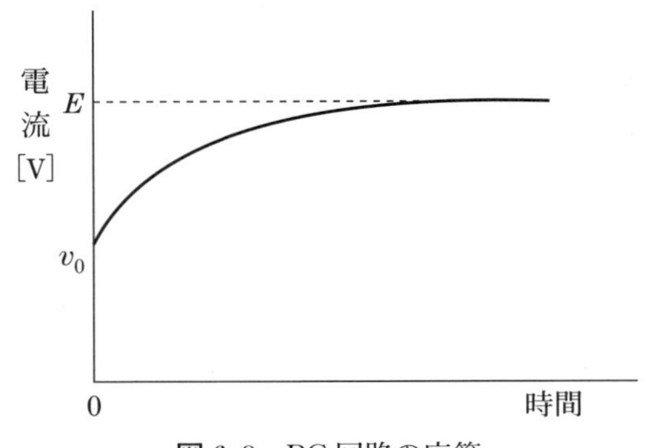

図 6-8　RC 回路の応答

② 直流電圧を切断した場合

図 6-9 の回路においてスイッチ SW が閉じられていて十分時間が経過後，$t=0$ でスイッチを開いたときのコンデンサの電圧を求めたい．SW が開かれると回路に電源はもはや存在せず，電圧は零入力応答のみとなる．$t \geqq 0$ での回路の KVL は下記のとおりである．

$$Ri_C(t)+ri_C(t)+v_C(t)=0 \tag{6-25}$$

コンデンサの電流 $i_C(t)$ と $v_C(t)$ は式（6-12）の関係があるので次の微分方程式が得られる．

$$RC\frac{\mathrm{d}v_C(t)}{\mathrm{d}t}+rC\frac{\mathrm{d}v_C(t)}{\mathrm{d}t}+v_C(t)=0 \tag{6-26}$$

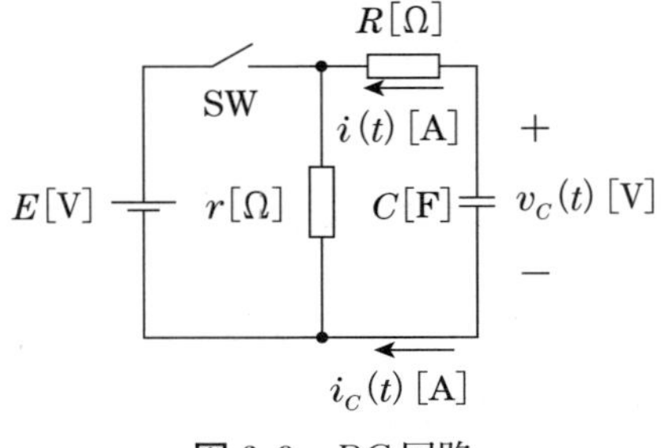

図 6-9　RC 回路

ここで，スイッチを開く直前のコンデンサの電圧は $v_C(0)=E$ でこちらが回路の初期状態となり，式（6-26）を解くと，下記の解が得られる．

$$v_C(t)=E\mathrm{e}^{-\frac{1}{C(r+R)}t} \tag{6-27}$$

なお，電流 $i_C(t)$ を式（6-27）より求めると，

$$i_C(t)=-\frac{E}{r+R}\mathrm{e}^{-\frac{1}{C(r+R)}t} \tag{6-28}$$

となり，$i(t)$ 方向の電流であり，コンデンサの**放電**であることが分かる．

③　交流電圧を印加した場合

図 6-10 のように RC 回路に交流電源を接続し，$t=0$ でスイッチ SW を On とした場合の応答を求めたい．回路の KVL より，

$$E\sin(\omega t+\phi)=RC\frac{\mathrm{d}v_C(t)}{\mathrm{d}t}+v_C(t) \tag{6-29}$$

式（6-29）を初期条件 $v_C(0)=0$ の下で解く．

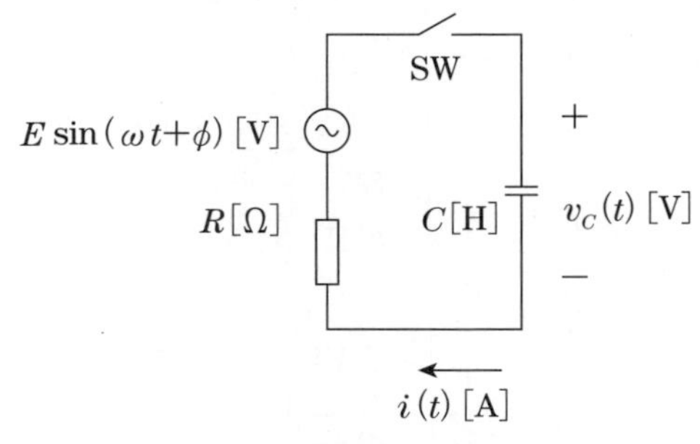

図 6-10　RC 回路＋交流電源

特解 $V_C(t)$ は電源が $E\sin(\omega t+\phi)$ であることから，$v_C(t)=V\sin(\omega t+\phi-\theta)$ とおいて V，θ を求めればよい．C を含む回路であり，電流は進みであるので逆に電圧は遅れとなり，θ の符号は（－）が適当である．$v_C(t)$ を式（6-29）に代入して求めることも可能であるが，フェーザ法で解くのが現実的である．

実際求めると，

$$v_C(t)=\frac{E}{\sqrt{1+(\omega CR)^2}}\sin(\omega t+\phi-\theta),\ \theta=\tan^{-1}(\omega CR) \tag{6-30}$$

したがって，完全応答は非斉次方程式の解法にならって，

$$v_C(t)=\frac{E}{\sqrt{1+(\omega CR)^2}}\sin(\omega t+\phi-\theta)+A\mathrm{e}^{-\frac{1}{CR}t},$$
$$\theta=\tan^{-1}(\omega CR) \tag{6-31}$$

さらに初期条件より A を求めると，

$$A=\frac{E}{\sqrt{1+(\omega CR)^2}}\sin(\phi-\theta),\ \theta=\tan^{-1}(\omega CR) \tag{6-32}$$

ここで，$\phi-\theta=0$ の時は，過渡項の係数が 0 となり過渡項が現れない．

(3) *RLC* 回路

① 直流電圧を印加した場合

まず，**図 6-11** の回路で，スイッチ SW を $t=0$ で入れる場合の電流 $i(t)$ を求めよう．

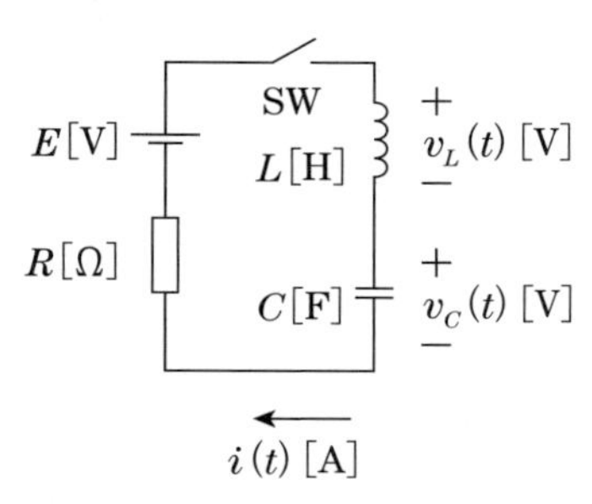

図 6-11 *RLC* 回路

回路の KVL を求めると，

$$E=Ri(t)+L\frac{\mathrm{d}i(t)}{\mathrm{d}t}+v_C(t) \tag{6-33}$$

コンデンサに流れる電流，電圧の関係式（6-12）から

$$v_C(t) = \frac{1}{C}\int i(t)\mathrm{d}t \tag{6-34}$$

を式（6-33）に代入して，

$$E = Ri(t) + L\frac{\mathrm{d}i(t)}{\mathrm{d}t} + \frac{1}{C}\int i(t)\mathrm{d}t \tag{6-35}$$

上式は両辺を微分すると斉次方程式（6-36）となり，特性方程式は（6-37）となる．式（6-36）は，RLC の係数によって，３種類の特性解をもち，過減衰，臨界減衰，不足減衰の応答を示す．

$$0 = L\frac{\mathrm{d}^2 i(t)}{\mathrm{d}t^2} + R\frac{\mathrm{d}i(t)}{\mathrm{d}t} + \frac{1}{C}i(t) \tag{6-36}$$

$$0 = Ls^2 + Rs + 1/C \tag{6-37}$$

ⓐ　$R^2 > 4L/C$，異なる２実数解 $s = \alpha, \beta$ の時（過減衰：Over dumping）

$$i(t) = A\mathrm{e}^{-\alpha t} + B\mathrm{e}^{-\beta t} \tag{6-38}$$

ⓑ　$R^2 = 4L/C$，２重解 $s = \alpha$ の時（臨界減衰：Critical dumping）

$$i(t) = A\mathrm{e}^{-\alpha t} + Bt\mathrm{e}^{-\alpha t} \tag{6-39}$$

ⓒ　$R^2 < 4L/C$，異なる２虚数解 $s = \sigma \pm j\omega$ の時（不足減衰：Under dumping）

$$i(t) = \mathrm{e}^{-\alpha t}(A\sin\omega t + B\cos\omega t) \tag{6-40}$$

ここで，A，B はいずれも初期値，$i(0)$，$\mathrm{d}i(0)/\mathrm{d}t$ によって求められる．

＜例題 6-1＞　**図 6-11** の回路で下記の R，L，C が下記の値をとる時の零状態応答を求めよ．

ただし，$E = 5$ V とする．

(1)　$R = 2\ \Omega$，$L = 1$ H，$C = 2$ F

(2)　$R = 2\ \Omega$，$L = 1$ H，$C = 1$ F

(3)　$R = 2\ \Omega$，$L = 1$ H，$C = 0.5$ F

＜解答＞

(1)　$i(t)=\frac{5}{2}\sqrt{2}\left(\mathrm{e}^{-\frac{2-\sqrt{2}}{2}t}-\mathrm{e}^{-\frac{2+\sqrt{2}}{2}t}\right)$

(2)　$i(t)=5t\mathrm{e}^{-t}$

(3)　$i(t)=5\mathrm{e}^{-t}\sin t$

6-3　より複雑な回路の過渡解析

6-2 節では一巡の簡単な閉路で構成された回路で RLC 回路など回路素子の少ない回路での解析を示してきたが，より複雑な回路に対し，回路方程式を求めることを考える．その場合，何を未知数とすべきかを検討する必要がある．

この場合一つの基準として，L，C を含んだ回路では L のコイル電流 i_L，C のコンデンサ電圧 v_C を未知数とすることがよい．その他の素子の電流，電圧は i_L，v_C によって表すことができ，解析可能な連立微分方程式で，回路が表せることが分かっている．複数の L，C がある場合はそれぞれの変数を独立に取り扱う．ただし，C または L のみで構成された閉路や，L または C のみが接続された節点の場合は，KCL や KVL によりすべての変数が独立とならない場合もある．

図 6-12 で回路方程式を求めるためにはコイル電流 $i_L(t)$，コンデン

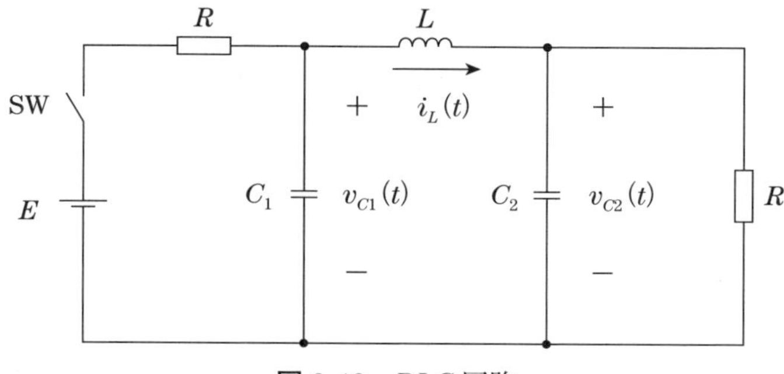

図 6-12　RLC 回路

サ電圧 $v_{C1}(t)$，$v_{C2}(t)$ が未知数として必要である．回路の方程式を導くために，R に流れる電流をあらかじめ電流則より未知数を用いて求めておくと，下記の方程式が導出できる．ここで R に続く（　　）内はKCLにより求めた R を流れる電流である．

$$
\begin{aligned}
E &= R\left(i_L(t) + C_1\frac{\mathrm{d}v_{C1}(t)}{\mathrm{d}t}\right) + v_{C1}(t) \\
v_{C1}(t) &= L\frac{\mathrm{d}i_L(t)}{\mathrm{d}t} + v_{C2}(t) \qquad (6\text{-}41) \\
v_{C2}(t) &= R\left(i_L(t) + C_2\frac{\mathrm{d}v_{C1}(t)}{\mathrm{d}t}\right)
\end{aligned}
$$

式（6-41）は３元の連立微分方程式であり，数学的に解析可能である．回路がより複雑になった場合も基本的に同じように独立なコイル電流，コンデンサ電圧を未知数にしてあらかじめKCLにより R に流れる電流を求めておくことで，回路方程式を導くことができる．

6-4　磁束保存則，電荷保存則による初期値の導出

(1)　磁束保存則

閉路内における磁束の総和は連続である．これを**磁束保存則**という．コイルが１個のみの時にはコイル電流は連続値をとるが，コイルが複数ある場合は個々のコイル電流は連続とならず，磁束の和が連続となる．この磁束保存則を用いて，回路の初期値を求められることを例で示す．**図 6-13** に示す回路において，スイッチSWを閉じて十分時間経過したのち，$t=0$ でスイッチを切る．この時 L_1，L_2 に流れる電流を求める．スイッチを切る前に流れる電流は L_1，L_2 とも E/R である．ただし，L_1，L_2 を含む閉路で見た場合，電流は逆方向であることに注意する．そこで図のように L_2 に流れる電流を $i(t)$ とすると，$i(0)$ の

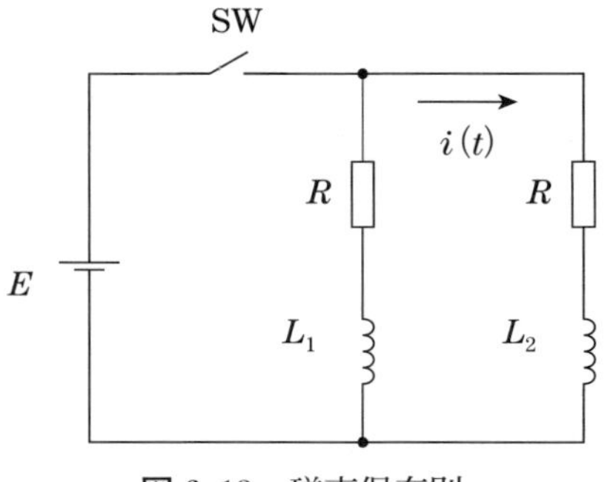

図 6-13　磁束保存則

初期値は磁束保存則より次の式を満たす.

$$L_1(-E/R)+L_2(E/R)=(L_1+L_2)i(0) \tag{6-42}$$

したがって，下記のとおり磁束保存則により初期値が導出された.

$$i(0)=\frac{L_2-L_1}{L_1+L_2}\cdot\frac{E}{R} \tag{6-43}$$

(2)　電荷保存則

中間に抵抗を介することなく並列に接続されたコンデンサでは回路の状態が変化した場合もコンデンサに蓄えられた電荷は保存され，その値は連続となる．これをコンデンサの**電荷保存則**と呼ぶ．この電荷保存則を用いて，回路の初期値が求められることを，例を用いて示す．**図 6-14** に示す回路において，スイッチ SW は開かれていて十分時間が経過している．そこで $t=0$ において SW を閉じるときのコンデン

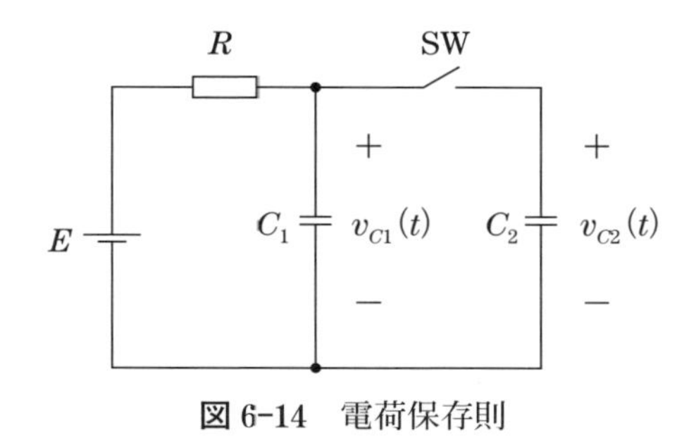

図 6-14　電荷保存則

サ C_2 の初期電圧を求めたい．$t<0$ ではコンデンサ C_2 には電荷はなかったものとする．また SW が閉じる直前のコンデンサ C_1 の電荷は C_1E となる．したがって電荷保存則より下記の式が成り立つ．

$$C_1E=(C_1+C_2)v_{C2}(0+) \tag{6-44}$$

したがって，コンデンサ C_2 の初期電圧 $v_{C2}(0+)$ は電荷保存則により下記のとおり求められる．

$$v_{C2}(0+)=\frac{C_1}{C_1+C_2}E \tag{6-45}$$

章末問題 6

1　図 6-15 の RC 直並列回路において，$v_C(0)=0$ の状態で，$t=0$ で SW を閉じた．その時のコンデンサ電圧を求めよ．

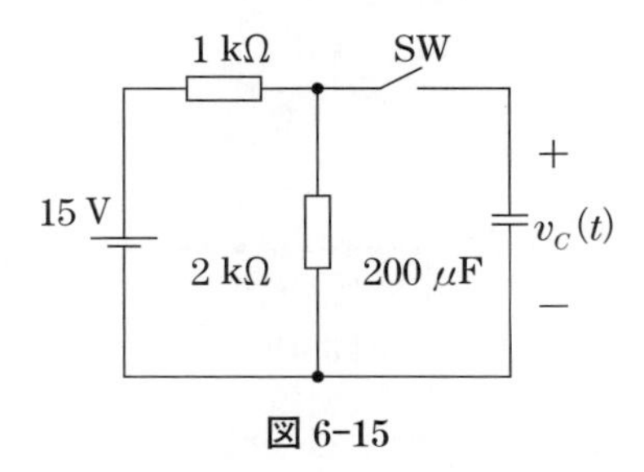

図 6-15

2　図 6-16 の RL 直並列回路において SW を開いて十分時間経過後に，$t=0$ で SW を閉じた．その時のコイル電流を求めよ．

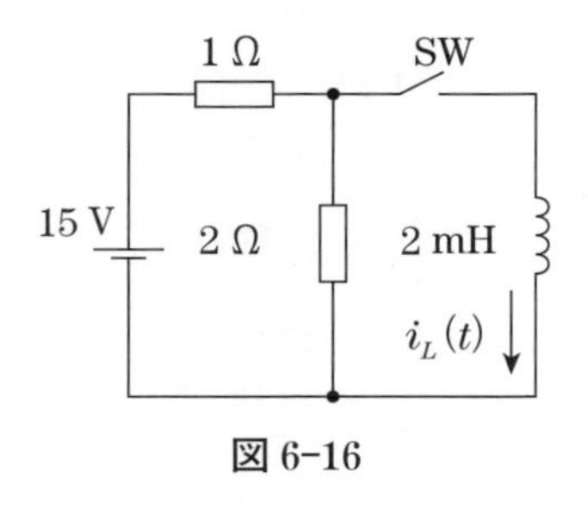

図 6-16

3　図 6-17 の RLC 直並列回路において SW を開いて十分時間経過後に，$t=0$ で SW を閉じた．その時のコンデンサ電圧を求めよ．ただし，$v_C(0)=0$ とする．

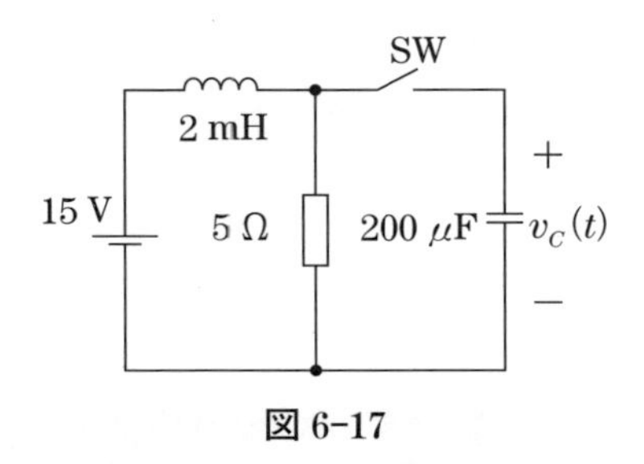

図 6-17

4　図 6-18 で $t=0$ で SW を閉じた時に回路に流れる電流 i を求めよ．最初回路は静止状態であったとする．

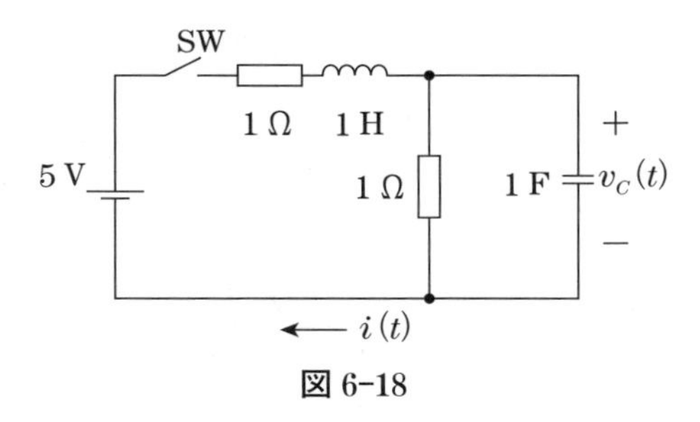

図 6-18

5　図 6-19 で $t=0$ で SW を閉じた時に回路に流れる電流 i を求めよ．最初回路は静止状態であったとする．

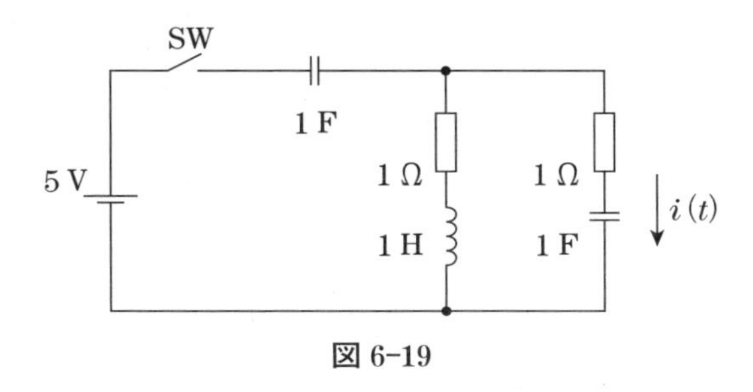

図 6-19

第７章　ラプラス変換を利用した回路解析

第６章で過渡解析について学んだが，効率的に過渡解析を行うための手法としてラプラス変換を導入する．ラプラス変換は第６章で求めた回路方程式で構成される微分方程式（多くは連立微分方程式）の解法として用いられるほか，直接回路解析を行う手段としても用いられる．回路の電源，素子の特性をラプラス関数で表現することにより，直流解析，フェーザ解析と同様の手順で出力のラプラス変換を求め，ラプラス逆変換により回路の応答を求めることができる．また８章の回路網関数を導くためにも習得が必要な知識となっている．

☆この章で使う基礎事項☆

回路解析において，**ラプラス変換**は微分方程式の解法として用いるほか，回路の直接的な解法として用いたり，第８章の回路網関数の導出のために使用する．ここではあらかじめラプラス変換の中で回路の解析に頻出する公式などを基礎事項としてあげる．時間関数 $f(t)$ をラプラス変換により複素変数 s の関数である $F(s)$ に変換する．ここでラプラス変換を表す記号を用い，$F(s)=\mathcal{L}(f(t))$ と表し，ラプラス逆変換を $f(t)=\mathcal{L}^{-1}(F(s))$ と表す．

基礎 7-1　ラプラス変換の定義

ラプラス変換の定義を確認する．実際はこの定義式を用いて変換を計算することは少なく，基礎 7-4 で示すラプラス変換公式によりラプラス変換，ラプラス逆変換をすることが一般的である．

ラプラス変換の定義式　$$F(s)=\int_0^{\infty} f(t)\mathrm{e}^{-st}\,\mathrm{d}t \tag{7-1}$$

ラプラス逆変換の定義式　$$f(t)=\int_{\sigma_0+j\infty}^{\sigma_0-j\infty} F(s)\mathrm{e}^{st}\,\mathrm{d}t \tag{7-2}$$

基礎 7-2　部分分数分解

回路解析を目的としてラプラス逆変換を行う過程で，部分分数分解が必要になる．部分分数分解とは分数式をできるだけ簡略な分数式に式変形を行うことで，まずは分母の因数分解からスタートする．

ラプラス逆変換で行う部分分数分解では，分母の因数分解後は恒等式の性質を用いて積で表された分母を持つ分数関数を１次式，２次式または $(s+\alpha)^n$ の形の n 次式の分母の分数関数の和に分解することになる．頻出する部分分数分解の式は以下のとおりである．

• 1次式の2積 $\dfrac{1}{(s+\alpha)(s+\beta)}=\dfrac{1}{\beta-\alpha}\left(\dfrac{1}{s+\alpha}-\dfrac{1}{s+\beta}\right)$ (7-3)

右辺の分数の引き算を通分して分子に現れる$\beta-\alpha$で割ると考えれば良い.

• 1次式の3積

$$\frac{1}{(s+\alpha)(s+\beta)(s+\gamma)}$$
$$=\frac{1}{(\alpha-\beta)(\alpha-\gamma)}\cdot\frac{1}{s+\alpha}+\frac{1}{(\beta-\gamma)(\beta-\alpha)}\cdot\frac{1}{s+\beta}+\frac{1}{(\gamma-\alpha)(\gamma-\beta)}\cdot\frac{1}{s+\gamma} \quad (7\text{-}4)$$

公式的に覚えるのではなく，式 (7-3) を繰り返すと考える.

• 恒等式の性質を用いた計算例

$$\frac{s^2}{(s+1)^2(s+2)}=\frac{A}{(s+1)^2}+\frac{B}{(s+1)}+\frac{C}{(s+2)}$$

とおいて，A，B，Cを求める.

＜数値代入法を用いる解法＞

適当な値を代入してA，B，Cの連立方程式を導き求める．あらかじめ，両辺の分母を払ったうえ計算した方が早い場合もある．例えば，上記の式の分母を払うと，

$$s^2=A(s+2)+B(s+1)(s+2)+C(s+1)^2$$

ここで$s=0,-1,-2$を順次代入すると，$\begin{cases}0=2A+2B+C\\1=A\\4=C\end{cases}$

の連立方程式が得られ，$\begin{cases}A=1\\B=-3\\C=4\end{cases}$ が得られる.

＜係数比較法を用いる解法＞

この場合，前述の式を展開整理して

$s^2=(B+C)s^2+(A+2B+2C)s+(2A+2B+C)$

の係数を比較することにより，

$$\begin{cases} B+C=1 \\ A+3B+2C=0 \\ 2A+2B+C=0 \end{cases}$$ の連立方程式が得られ，同じ結果が得られる．

基礎 7-3　部分分数分解（ヘビサイド（Heaviside）の展開定理による）

対象の分数関数は以下のように部分分数分解できる．

$$\begin{aligned} F(s) &= \frac{g(s)}{(s-a_1)^{n_1}(s-a_2)^{n_2}\cdots(s-a_m)^{n_m}} \\ &= \frac{b_{1,1}}{(s-a_1)}+\frac{b_{1,2}}{(s-a_1)^2}+\cdots+\frac{b_{1},n_1}{(s-a_1)^{n_1}} \quad \leftarrow \frac{1}{(s-a_1)}\text{の成分} \\ &+\frac{b_{2,1}}{(s-a_2)}+\frac{b_{2,2}}{(s-a_2)^2}+\cdots+\frac{b_{2},n_2}{(s-a_2)^{n_2}} \quad \leftarrow \frac{1}{(s-a_2)}\text{の成分} \\ &+\cdots\cdots\cdots\cdots \\ &+\frac{b_{m,1}}{(s-a_m)}+\frac{b_{m,2}}{(s-a_m)^2}+\cdots+\frac{b_{m},n_m}{(s-a_m)^{n_m}} \quad \leftarrow \frac{1}{(s-a_m)}\text{の成分} \end{aligned} \tag{7-5}$$

ここで，係数 $b_{i,k}(i=1\sim m,k=1\sim n_i)$ は次のように求めることができる．ただし，$l=n_i-k$.

$$b_{i,k}=\lim_{s\to a_i}\frac{1}{l!}\frac{\mathrm{d}^l}{\mathrm{d}s^l}F(s)(s-a_i)^{n_i} \tag{7-6}$$

ヘビサイドの展開定理による展開例は以下のとおり．

$\dfrac{s^2}{(s+1)^2(s+2)}=\dfrac{b_{1,1}}{(s+1)}+\dfrac{b_{1,2}}{(s+1)^2}+\dfrac{b_{2,1}}{(s+2)}$ では

$$b_{1,1}=\lim_{s\to -1}\frac{1}{1!}\frac{\mathrm{d}}{\mathrm{d}s}F(s)(s+1)^2$$

$$=\lim_{s\to -1}\frac{1}{1!}\frac{\mathrm{d}}{\mathrm{d}s}\left(\frac{s^2}{s+2}\right)=\lim_{s\to -1}\frac{s^2+4s}{(s+2)^2}=-3$$

ただし，1位の極 $\frac{1}{(s+2)}$ は両辺に $(s+2)$ をかけ，$s=-2$ を代入して $b_{2,1}$ を求める方が簡便である．

同様に，2位の極も最高次の係数 $b_{1,2}$ は両辺に $(s+1)^2$ をかけ，$s=-1$ を代入して求めることができる．

しかし，2位以上の極では，分母の $(s-a_m)^{n_m}$ を両辺にかけただけでは，最高次以外の係数が求められないので，微分を併用することにより求めているのがヘビサイドの展開定理である．

基礎 7-4　回路解析で使用するラプラス変換の主な公式

回路解析で頻出するラプラス変換は，限られている．以下にその一覧を示す．

表 7-1　ラプラス変換表その1

$F(s)$	$f(t)$	$F(s)$	$f(t)$
1	$\delta(t)$： 単位インパルス関数	$\frac{1}{(s+\alpha)^n}$	$\frac{t^{n-1}\mathrm{e}^{-\alpha t}}{(n-1)!}$
s	$\delta'(t)$	$\frac{\omega}{s^2+\omega^2}$	$\sin\omega t$
$\frac{1}{s}$	$u(t)$： 単位ステップ関数	$\frac{s}{s^2+\omega^2}$	$\cos\omega \mathrm{t}$
$\frac{1}{s^n}$	$\frac{t^{n-1}}{(n-1)!}$	$\frac{\omega}{(s+\alpha)^2+\omega^2}$	$\mathrm{e}^{-\alpha t}\sin\omega t$
$\frac{1}{s+\alpha}$	$\mathrm{e}^{-\alpha t}$	$\frac{s+\alpha}{(s+\alpha)^2+\omega^2}$	$\mathrm{e}^{-\alpha t}\cos\omega t$

より複雑なラプラス変換，逆変換を求めるために下記の公式を使用する場合もある．

表 7-2　ラプラス変換表その２（定理等）

ラプラス変換定義	$F(s)=\int_{0+}^{\infty}f(t)\mathrm{e}^{-st}\,\mathrm{d}t$	
線形則	$a_1f_1(t)+a_2f_2(t)$	$a_1F_1(s)+a_2F_2(s)$
相似則	$f(at)$	$\frac{1}{a}F\left(\frac{s}{a}\right)$
推移則（時間）	$f(t-T)U(t-T)$	$\mathrm{e}^{-Ts}F(s)$
推移則（s）	$\mathrm{e}^{-\mathrm{d}t}f(t)$	$F(s+\mathrm{d})$
微分則	$\frac{\mathrm{d}}{\mathrm{d}t}f(t)$	$sF(s)-f(0+)$
微分則（２階）	$\frac{\mathrm{d}^2}{\mathrm{d}t^2}f(t)$	$s^2F(s)-sf(0+)-f'(0)$
積分則	$\int_{-\infty}^{t}f(t)\mathrm{d}t$	$\frac{1}{s}F(s)+\frac{1}{s}\int_{-\infty}^{0+}f(t)\mathrm{d}t$
tの乗除	$-tf(t)$	$\frac{\mathrm{d}}{\mathrm{d}s}F(s)$
	$\frac{1}{t}f(t)$	$\int_{s}^{\infty}F(s)\mathrm{d}s$
畳み込み積分	$\int_{0}^{t}f(t-\tau)\cdot g(\tau)\mathrm{d}\tau=\int_{0}^{t}f(\tau)\cdot g(t-\tau)\mathrm{d}\tau$	$F(s)\cdot G(s)$

7-1　ラプラス変換を利用した回路解析（その１）

ラプラス変換を利用した回路の解析の導入として，解析対象回路の回路方程式をラプラス変換を用いて解く方法を説明する．ラプラス変換を用いて回路方程式を解くには回路方程式をラプラス変換し，解析対象である電流や電圧のラプラス関数 $I(s)$，$V(s)$ を求め，その関数を逆ラプラス変換することにより求めたい関数の時間関数 $i(t)$，$v(t)$ を求める．

微分方程式を解析的に解く場合は，初期条件によって未定係数を確定する手順になるが，ラプラス変換による場合は初期条件に基づき解析対象の初期値を求め，導関数をラプラス変換する際に代入する形になる．以下にラプラス変換を用いて回路方程式を解く例を示す．

(1)　*RL* 回路の例

図 7-1 の回路において $t=0$ でスイッチが閉じた場合に回路に流れる電流を求める．その場合の回路の KVL を求めると，

$$E = Ri(t) + L\frac{\mathrm{d}i(t)}{\mathrm{d}t} \tag{7-7}$$

この式をラプラス変換するためには，コイルの初期電流が必要となる．コイルの初期電流を $i(0)=i_0$ として上式をラプラス変換すると

$$\frac{E}{s} = RI(s) + L\{sI(s) - i_0\} \tag{7-8}$$

これから $I(s)$ を求めると

$$\begin{aligned} I(s) &= \frac{E}{s}\cdot\frac{1}{Ls+R} + Li_0\cdot\frac{1}{Ls+R} \\ &= \frac{E}{R}\cdot\left(\frac{1}{s} - \frac{1}{s+R/L}\right) + i_0\cdot\frac{1}{s+R/L} \end{aligned} \tag{7-9}$$

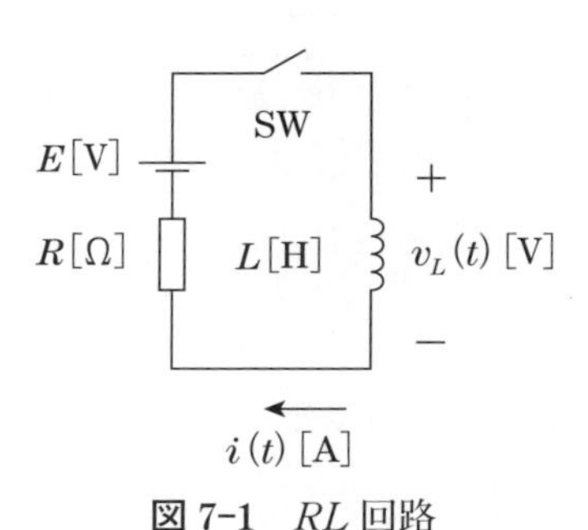

図 7-1　*RL* 回路

この結果を逆ラプラス変換することにより，下記の結果が得られ，6章の結果の式（6-15）と一致する．

$$i(t)=\frac{E}{R}\left(1-\mathrm{e}^{-\frac{R}{L}t}\right)+i_0\mathrm{e}^{-\frac{R}{L}t} \tag{7-10}$$

(2)　*RC* 回路の例

図 7-2 の回路で，スイッチ SW を $t=0$ で入れる場合の $v_C(t)$ を求める．回路の KVL を求めると，

$$E=Ri(t)+v_C(t)=RC\frac{\mathrm{d}v_C(t)}{\mathrm{d}t}+v_C(t) \tag{7-11}$$

式（6-12）を $v_C(0)=v_0$ の初期条件のもとにラプラス変換すると

$$\begin{aligned}V(s)&=\frac{E}{s}\cdot\frac{1}{RCs+1}+RCv_0\cdot\frac{1}{RCs+1}\\&=E\cdot\left(\frac{1}{s}-\frac{1}{s+1/RC}\right)+v_0\cdot\frac{1}{s+1/RC}\end{aligned} \tag{7-12}$$

逆ラプラス変換して，式（6-24）と一致する結果が得られる．

$$v_C(t)=E\left(1-\mathrm{e}^{-\frac{1}{RC}t}\right)+v_0\,\mathrm{e}^{-\frac{1}{RC}t} \tag{7-13}$$

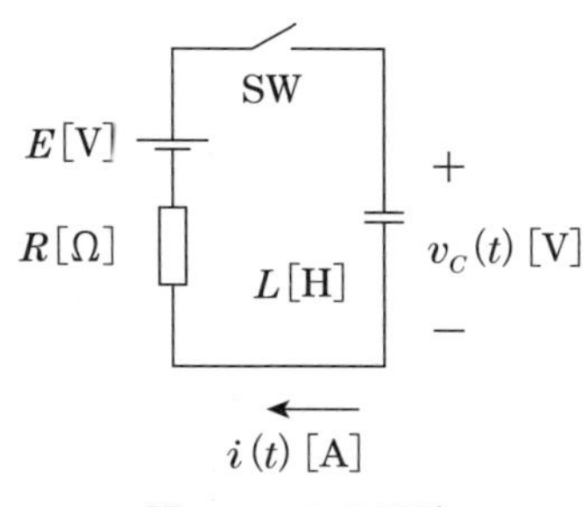

図 7-2　*RC* 回路

(3)　*RLC* 回路の例

図 7-3 の回路で，スイッチ SW を $t=0$ で入れる場合の電流 $i(t)$ を求めよう．回路の KVL を求めると，

$$E = Ri(t) + L\frac{\mathrm{d}i(t)}{\mathrm{d}t} + v_C(t) \tag{7-13}$$

コンデンサに流れる電流，電圧の関係式（6-12）から

$$v_C(t) = \frac{1}{C}\int i(t)\mathrm{d}t \tag{7-14}$$

を式（7-13）に代入して，

$$E = Ri(t) + L\frac{\mathrm{d}i(t)}{\mathrm{d}t} + \frac{1}{C}\int i(t)\mathrm{d}t \tag{7-15}$$

この式を初期条件 $i(0)=i_0$，$v_C(0)=v_0$ の初期条件でラプラス変換すると，

$$\frac{E}{s} = RI(s) + L\{sI(s) - i_0\} + \frac{1}{C}\left\{\frac{I(s)}{s} + \frac{1}{s}Cv_0\right\} \tag{7-16}$$

したがって　$I(s) = \dfrac{1}{Ls^2 + Rs + 1/C}(E - v_0 + Li_0 s)$　(7-17)

式（7-17）を部分分数分解し，逆ラプラス変換をすることにより，$i(t)$ を導出する．

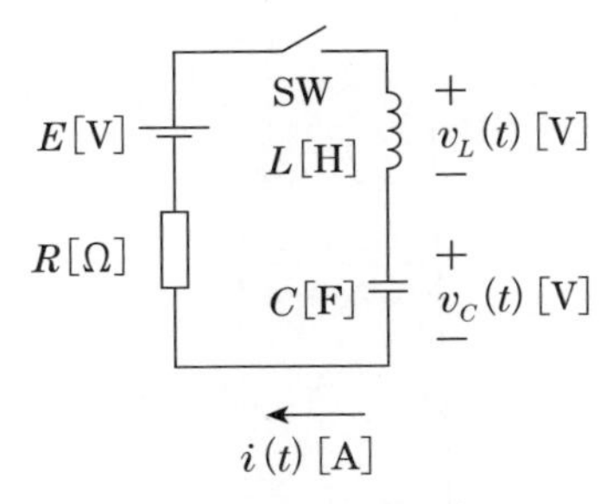

図 7-3　RLC 回路

<例題 7-1>　**図 7-4** の回路において $t=0$ でスイッチを入れる．また初期条件としてコンデンサの初期電荷，コイルの初期電流はゼロとする．

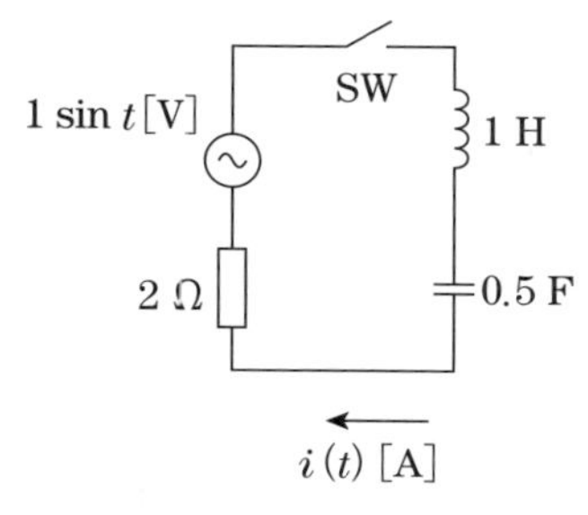

図 7-4　*RLC* 回路

(1)　回路の KVL により $i(t)$ を求める微分方程式を導出せよ．
(2)　電流のラプラス変換 $I(s)$ を求めよ．
(3)　$i(t)$ を求めよ．

<解答>

(1)　$\sin t = 1\dfrac{\mathrm{d}i}{\mathrm{d}t} + 2\displaystyle\int i\,\mathrm{d}t + 2i$

(2)　$I(s) = \dfrac{1}{5}\left(\dfrac{s+2}{s^2+1} - \dfrac{s+4}{s^2+2s+2}\right)$

(3)　$i(t) = \dfrac{1}{5}\{\cos t + 2\sin t - \mathrm{e}^{-t}(\cos t + 3\sin t)\}$

7-2　ラプラス変換を利用した回路解析（その２）

回路の素子の電流，電圧の関係は，それぞれ次のとおりである．

抵抗　$v(t) = Ri(t)$

コイル　$v(t)=L\dfrac{\mathrm{d}i(t)}{\mathrm{d}t}$

コンデンサ　$i(t)=C\dfrac{\mathrm{d}v(t)}{\mathrm{d}t}$

この関係式をすべてラプラス変換すると，

抵抗　$V(s)=RI(s)$

コイル　$V(s)=L\{sI(s)-i_0\}$　　　i_0 は初期電流

コンデンサ　$I(s)=C\{sV(s)-v_0\}$　　v_0 は初期電圧

コイルには $-Li_0$ の電圧源を，コンデンサには $-Cv_0$ の電流源を加えて，**図 7-3** の RLC 回路は**図 7-5** のようにコイルやコンデンサを s 空間のインピーダンスを持つ素子として書き換えることができる．この回路では電源も同様にラプラス変換する．

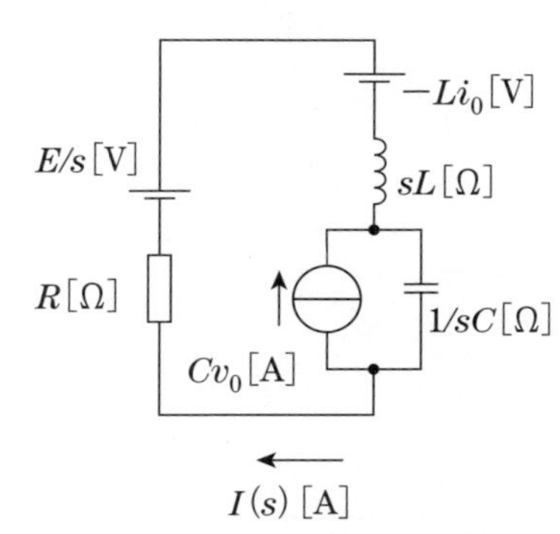

図 7-5　RLC 回路の s 空間インピーダンス図

特に初期電流，初期電荷が零の応答（零状態応答）を求める場合には，**図 7-5** は**図 7-6** となり，交流回路の複素インピーダンスを利用した解析とほぼ同じ解析方法が適用できる．回路の出力として，必要な出力電流，出力電圧のラプラス関数を s 空間のインピーダンス回路から求め，その結果を逆ラプラス変換することで解を得ることができる．

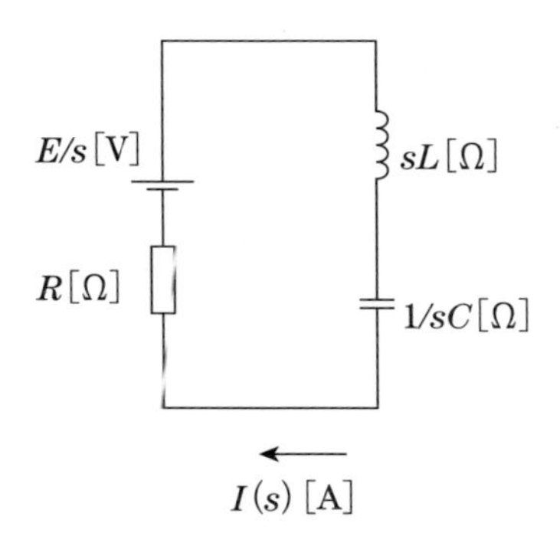

図 7-6　RLC 回路の零状態応答 s 空間インピーダンス図

<例題 7-2>　**図 7-7** の回路で $t=0$ でスイッチを投入した際の $v_C(t)$ をラプラス変換を用いて求めよ．ただしコイルの初期電流，コンデンサの初期電荷はゼロとする．

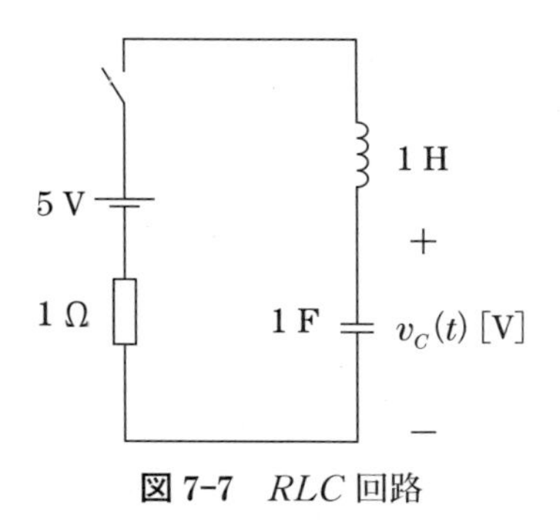

図 7-7　RLC 回路

<解答>

$$v_C(t) = 5-5\mathrm{e}^{-\frac{t}{2}}\left(\cos\frac{\sqrt{3}}{2}t+\frac{1}{\sqrt{3}}\sin\frac{\sqrt{3}}{2}t\right) \text{[V]}$$

<例題 7-3>　例題 7-1 を，回路方程式（微分方程式）を介さずに求めよ．

<解答>

電源を $\dfrac{1}{s^2+1}$，各素子を $R \to 2$，$L \to s$，$C \to \dfrac{2}{s}$ として，$I(s)$ を計算する．

$$I(s)=\frac{\dfrac{1}{s^2+1}}{2+s+\dfrac{2}{s}}=\frac{s}{(s^2+1)(s^2+2s+2)}=\frac{1}{5}\left(\frac{s+2}{s^2+1}-\frac{s+4}{s^2+2s+2}\right)$$

となって，例題 7-1 の解答と一致する．

7-3　種々の波形に対する応答

図 7-8 の出力として $i(t)$ を選び，零状態応答のラプラス変換を求めると，電源（入力関数）のラプラス変換とある s 関数の積で

$$I(s)=\frac{1}{R+sL+1/sC}\cdot E(s) \tag{7-18}$$

のように表せる．ここでその式を

$$\mathcal{L}(\text{零状態応答})=\text{回路網関数}\times\mathcal{L}(\text{入力関数}) \tag{7-19}$$

と考え，$\mathcal{L}$(零状態応答)/$\mathcal{L}$(入力関数) を**回路網関数**と呼ぶ．

したがって，零状態応答のラプラス変換は入力関数のラプラス変換に回路網関数を掛けたものになる．これは入力の $E(s)$ が変わっても変

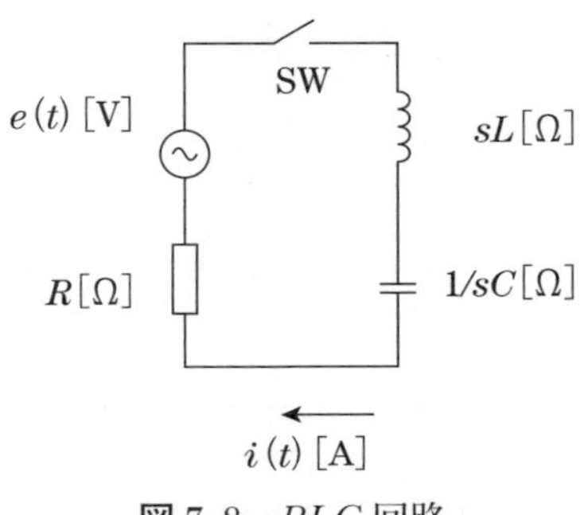

図 7-8　*RLC* 回路

わらないので，様々な入力に対して，出力が求められる．

<繰り返す波形>

図 7-9 の単発の三角波を関数表記すると

$$e(t) = \frac{1}{T} t \{u(t) - u(t-T)\}$$

ラプラス変換すると

$$E(s) = \frac{1}{T}\left(\frac{1}{s^2} - \frac{\mathrm{e}^{-Ts}}{s^2} - \frac{T\mathrm{e}^{-Ts}}{s}\right) \tag{7-20}$$

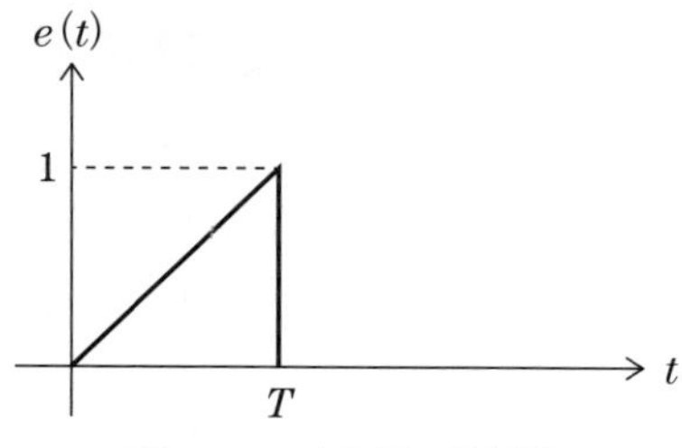

図 7-9　三角波（単発）

一方，**図 7-10** の連続波 $f(t)$ を単発波 $e(t)$ で表すと

$$f(t) = e(t) + e(t-T) + e(t-2T) + \cdots \tag{7-21}$$

となることから，推移則より，

$$F(s) = E(s) + \mathrm{e}^{-Ts}E(s) + \mathrm{e}^{-2Ts}E(s) + \mathrm{e}^{-3Ts}E(s) \ \cdots \tag{7-22}$$

となり，級数の計算方法により，

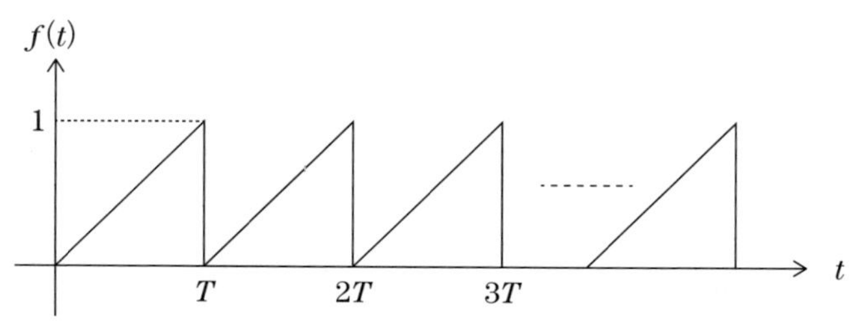

図 7-10　三角波（連続）

$$F(s)=\frac{E(s)}{1-\mathrm{e}^{-Ts}} \tag{7-23}$$

となる．式（7-23）は単発波 $e(t)$ のラプラス変換とその波形を周期 T で繰り返す波形 $f(t)$ のラプラス変換 $F(s)$ の一般的な関係を表しており，**図 7-10** の三角波の場合は，式（7-20）より

$$F(s)=\frac{E(s)}{1-\mathrm{e}^{-Ts}}=\frac{1}{1-\mathrm{e}^{-Ts}}\cdot\frac{1}{T}\left(\frac{1}{s^2}-\frac{\mathrm{e}^{-Ts}}{s^2}+\frac{T\mathrm{e}^{-Ts}}{s}\right)$$

$$=\frac{1}{s^2T}+\frac{\mathrm{e}^{-Ts}}{s(1-\mathrm{e}^{-Ts})} \tag{7-24}$$

代表的な繰り返し波形とそのラプラス変換を表 7-3 に示す．

表 7-3 繰り返し波形のラプラス変換

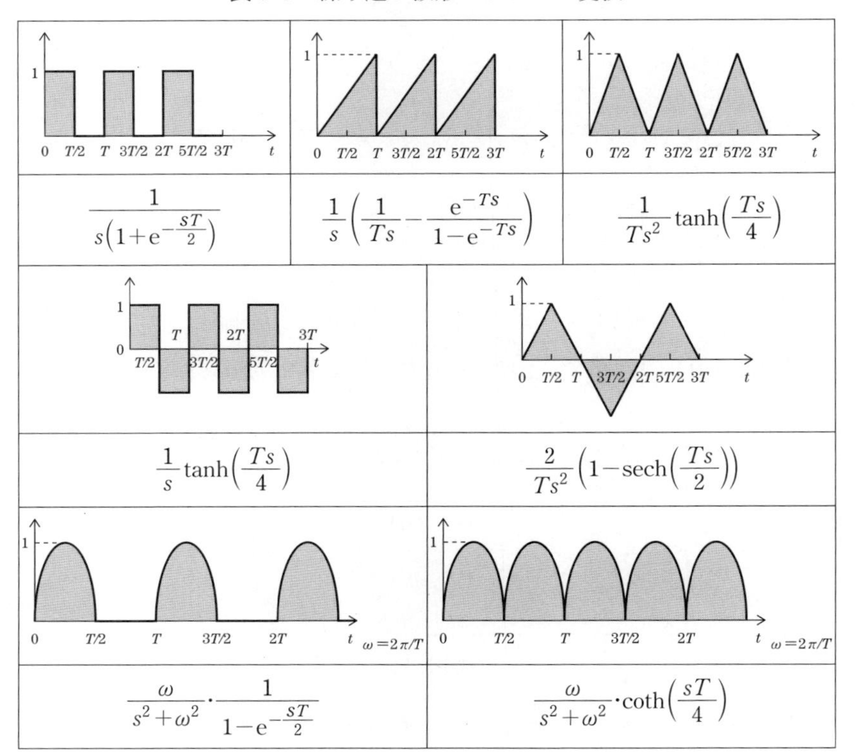

方形波（0〜1）	$\dfrac{1}{s\left(1+\mathrm{e}^{-\frac{sT}{2}}\right)}$
のこぎり波	$\dfrac{1}{s}\left(\dfrac{1}{Ts}-\dfrac{\mathrm{e}^{-Ts}}{1-\mathrm{e}^{-Ts}}\right)$
三角波（0〜1）	$\dfrac{1}{Ts^2}\tanh\left(\dfrac{Ts}{4}\right)$
方形波（±1）	$\dfrac{1}{s}\tanh\left(\dfrac{Ts}{4}\right)$
三角波（±1）	$\dfrac{2}{Ts^2}\left(1-\mathrm{sech}\left(\dfrac{Ts}{2}\right)\right)$
半波整流波（$\omega=2\pi/T$）	$\dfrac{\omega}{s^2+\omega^2}\cdot\dfrac{1}{1-\mathrm{e}^{-\frac{sT}{2}}}$
全波整流波（$\omega=2\pi/T$）	$\dfrac{\omega}{s^2+\omega^2}\cdot\coth\left(\dfrac{sT}{4}\right)$

章末問題７

1　次の微分方程式を解け.

(1)　$\dfrac{\mathrm{d}^2x}{\mathrm{d}t^2}+5\dfrac{\mathrm{d}x}{\mathrm{d}t}+4x=4,\quad x(0)=2,\quad \dfrac{\mathrm{d}x}{\mathrm{d}t}(0)=0$

(2)　$\dfrac{\mathrm{d}^2x}{\mathrm{d}t^2}+2\dfrac{\mathrm{d}x}{\mathrm{d}t}+2x=\sin t\ ,\quad x(0)=0,\quad \dfrac{\mathrm{d}x}{\mathrm{d}t}(0)=0$

(3)　$\dfrac{\mathrm{d}^2i}{\mathrm{d}t^2}+2\dfrac{\mathrm{d}i}{\mathrm{d}t}+i=0,\ i(0)=1,\ i'(0)=1$

2　次の関数の逆ラプラス変換を求めよ.

(1)　$\dfrac{1}{(s^2+4s+5)(s+1)}$　(2)　$\dfrac{1}{(s^2+1)^2}$　(3)　$\dfrac{1}{s(s^2+3s+2)}$

(4)　$\dfrac{\mathrm{e}^{-3s}}{s^2-9}$　(5)　$\dfrac{s^2}{(s^2+\omega^2)^2}$　(6)　$\dfrac{\mathrm{e}^{-s}+\mathrm{e}^{-2s}}{(s+1)(s+2)}$

(7)　$\dfrac{s^2+s+1}{s^3+6s^2+11s+6}$　(8)　$\dfrac{s}{s^2-s-2}$　(9)　$\dfrac{s+1}{s^2+s-6}$

(10)　$\dfrac{2s+5}{s^2+4s+13}$　(11)　$\dfrac{s^2}{(s^2+4s+5)(s+2)(s+3)}$

3　**図 7-11** の回路で，$v(t)$ を出力とする零状態応答を求めよ.

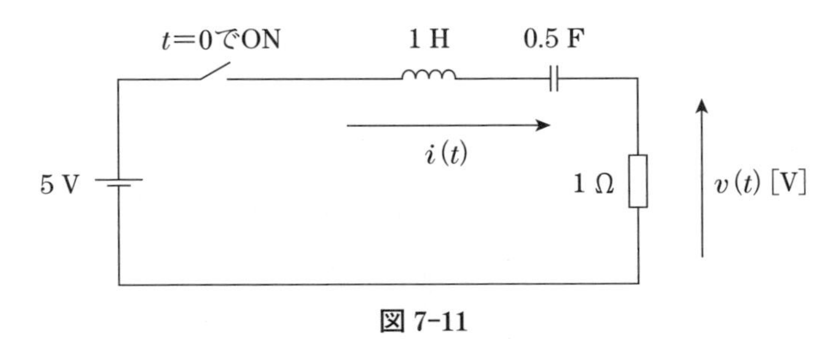

図 7-11

4　**図 7-12** において最初スイッチが開かれ，十分時間が経過していた．$t=0$ でスイッチが閉じられたとき，コイルに流れる電流 $i(t)$ の時間変化をラプラス変換により求めよ．

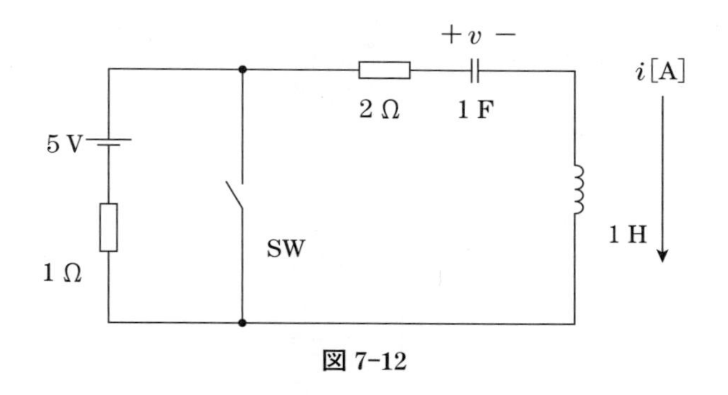

図 7-12

5　図 7-13 の回路で $v_r(t)$ を求めたい．$t=0$ で回路は静止状態にあった．まず $V_r(s)$ を求め，$v_r(t)$ を求めよ．

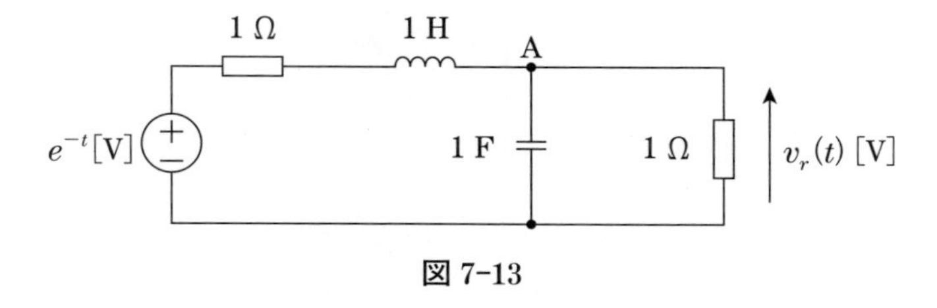

図 7-13

6　図 7-14 の回路で最初回路は静止状態にあったものとする．そこで $t=0$ より $e(t)=5\sin t$[V] を加えた時の出力 $v_0(t)$ を求めよ．

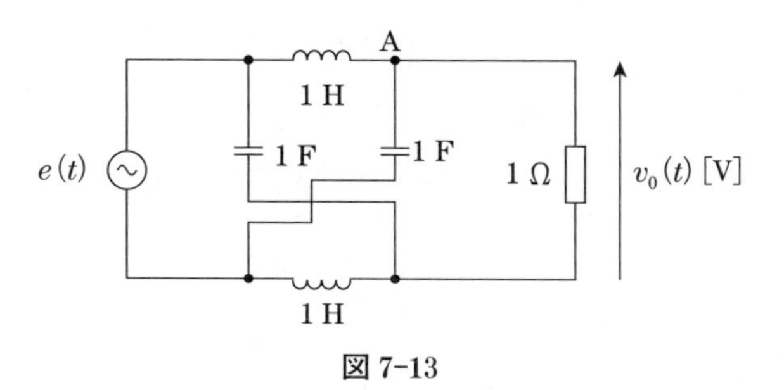

図 7-13

第８章　回路網

電力を伝送する場合などは回路の周波数は一定であるが，通信回路などでは信号源の周波数は多様である．そのために回路を一般性のある取り扱いをするために，信号部（入力）と応答部（出力）に分けることが必要になり，回路の一部を回路網として取り扱う必要が生まれた．本章では回路網の取り扱いについて学ぶ．中でも回路網関数の取り扱いは回路の周波数特性を知るうえで重要である．第７章で学んだように，$\mathcal{L}$(回路の零状態応答)＝$\mathcal{L}$(入力関数)×回路網関数である．本章の理解にはラプラス変換の習得が不可欠である．

☆この章で使う基礎事項☆

基礎 8-1　ラプラス変換の基礎公式

７章のラプラス変換の基礎公式を理解しておくこと.

基礎 8-2　回路の直並列計算, 分流, 分圧の計算方法

回路網関数の計算には直並列計算, 分流, 分圧の計算等, インピーダンス計算の手法に通じている必要がある.

直列接続のインピーダンスは総和で求められるが, 並列接続の場合はアドミタンスが総和になるので, 下記の計算式となる.

$$\dot{Z}=\left(\frac{1}{Z_1}+\frac{1}{Z_2}+\frac{1}{Z_3}\cdots\right)^{-1} \tag{8-1}$$

分流比は**図 8-1** の回路の場合, インピーダンスの逆比（アドミタンス比）となり, 式（8-2）で与えられる.

$$\frac{I_1}{I}=\frac{{Z_1}^{-1}}{{Z_1}^{-1}+{Z_2}^{-1}}=\frac{Z_2}{Z_1+Z_2} \tag{8-2}$$

分圧比は**図 8-2** の回路の場合, インピーダンス比となり, 式（8-3）で与えられる.

$$\frac{V_1}{V}=\frac{Z_1}{Z_1+Z_2} \tag{8-3}$$

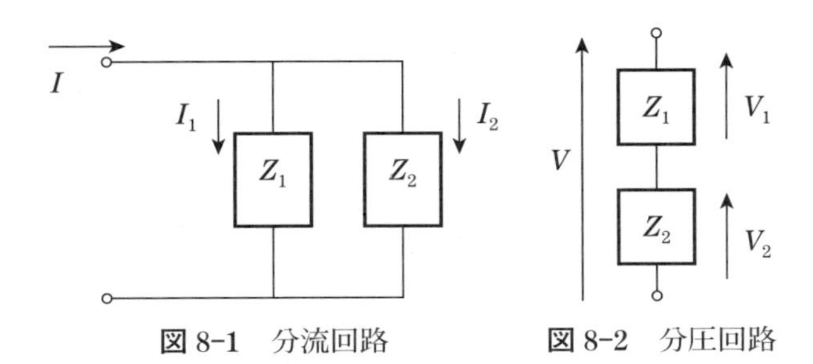

図 8-1　分流回路　　図 8-2　分圧回路

8-1 回路網の定義と活用

回路網としてよく検討される回路には**図 8-3** の１端子対回路（２端子回路），**図 8-4** の２端子対回路（４端子回路）がある．多端子も想定されるがあまり利用されない．また，回路網には内部に電源を有する能動回路網と，内部には電源を持たず，すべて受動素子で構成される受動回路網がある．本章で回路網として解析する場合，その内部は受動回路網に限るものとする．回路網として回路の一部を考えるとき，回路網の内部はブラックボックスと考え，端子での特性のみに注目することができる．

受動素子で構成された受動回路網にも解析が簡便であるのは線形回路に限られる．非線形回路としては変圧器の鉄心のヒステリシスなどが代表的であるが，これらの回路は本章では対象としない．

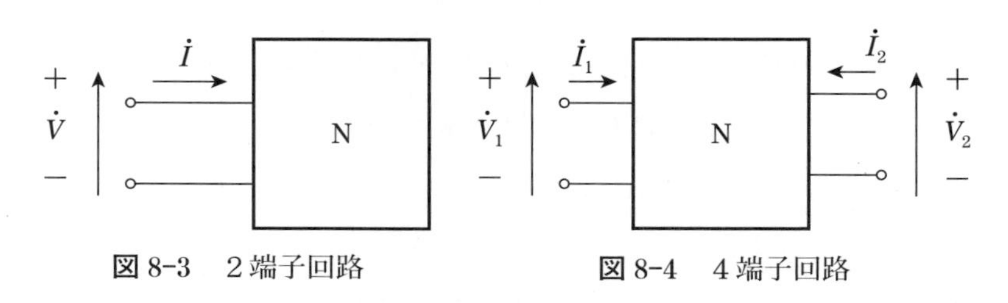

図 8-3　２端子回路　　**図 8-4**　４端子回路

２端子回路については，その等価的な内部インピーダンス Z として $\dot{V}=\dot{Z}\dot{I}$ の関係が，また等価的なアドミタンスとして $\dot{I}=\dot{Y}\dot{V}$ が導かれる．

４端子回路については次節で示す．

<例題 8-1>　次の回路の合成インピーダンスを求めよ．

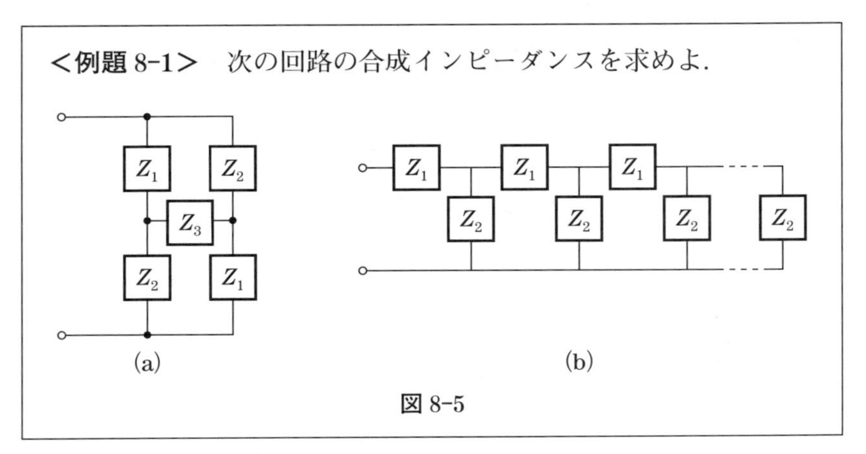

図 8-5

<解答>

（a）$Z=\dfrac{(Z_1+Z_2)(2Z_1Z_2+Z_2Z_3+Z_3Z_1)}{{Z_1}^2+{Z_2}^2+2(Z_1Z_2+Z_2Z_3+Z_3Z_1)}$　YΔ 変換を用いる．

（b）次の区間がそれまでの区間と並列であるので，n 段までのインピーダンスを $Z(n)$ として関係式をたてると $Z(n)=Z_1+\dfrac{Z_2Z(n-1)}{Z_2+Z(n-1)}$ となり，n を無限にすれば一定値に収束するとみられるので，$Z(n)=Z(n-1)=Z$ と置いて関係式に代入して求める．

$$Z=\frac{Z_1+\sqrt{{Z_1}^2+4Z_1Z_2}}{2}$$

8-2　4端子回路

(1)　Z 行列，Y 行列

図 8-4 に示す 4 端子回路では，通常 $\dot{V}_1$，$\dot{I}_1$ 側の端子を入力，$\dot{V}_2$，$\dot{I}_2$ 側の端子を出力と考える．$\dot{V}_1$，$\dot{V}_2$，$\dot{I}_1$，$\dot{I}_2$ の関係から次の関係式が定義される．

$$\dot{V} = \begin{pmatrix} \dot{V}_1 \\ \dot{V}_2 \end{pmatrix} = \begin{pmatrix} \dot{Z}_{11} & \dot{Z}_{12} \\ \dot{Z}_{21} & \dot{Z}_{22} \end{pmatrix} \begin{pmatrix} \dot{I}_1 \\ \dot{I}_2 \end{pmatrix} = \dot{Z}\dot{I} \tag{8-4}$$

$$\dot{I} = \begin{pmatrix} \dot{I}_1 \\ \dot{I}_2 \end{pmatrix} = \begin{pmatrix} \dot{Y}_{11} & \dot{Y}_{12} \\ \dot{Y}_{21} & \dot{Y}_{22} \end{pmatrix} \begin{pmatrix} \dot{V}_1 \\ \dot{V}_2 \end{pmatrix} = \dot{Y}\dot{V} \tag{8-5}$$

Z を**インピーダンス行列**（Z 行列）と呼ぶ，その係数は

$$\left.\begin{aligned}
\dot{Z}_{11} &= \left.\frac{\dot{V}_1}{\dot{I}_1}\right|_{\dot{I}_2=0} = \text{出力開放時の入力インピーダンス} \\
\dot{Z}_{21} &= \left.\frac{\dot{V}_2}{\dot{I}_1}\right|_{\dot{I}_2=0} = \text{出力開放時の伝達インピーダンス} \\
\dot{Z}_{12} &= \left.\frac{\dot{V}_1}{\dot{I}_2}\right|_{\dot{I}_1=0} = \text{入力開放時の逆伝達インピーダンス} \\
\dot{Z}_{22} &= \left.\frac{\dot{V}_2}{\dot{I}_2}\right|_{\dot{I}_1=0} = \text{入力開放時の出力インピーダンス}
\end{aligned}\right\} \tag{8-6}$$

また Y を**アドミタンス行列**（Y 行列）と呼び，その係数は

$$\left.\begin{aligned}
\dot{Y}_{11} &= \left.\frac{\dot{I}_1}{\dot{V}_1}\right|_{\dot{V}_2=0} = \text{出力短絡時の入力アドミタンス} \\
\dot{Y}_{21} &= \left.\frac{\dot{I}_2}{\dot{V}_1}\right|_{\dot{V}_2=0} = \text{出力短絡時の伝達アドミタンス} \\
\dot{Y}_{12} &= \left.\frac{\dot{I}_1}{\dot{V}_2}\right|_{\dot{V}_1=0} = \text{入力短絡時の逆伝達アドミタンス} \\
\dot{Y}_{22} &= \left.\frac{\dot{I}_2}{\dot{V}_2}\right|_{\dot{V}_1=0} = \text{入力短絡時の出力アドミタンス}
\end{aligned}\right\} \tag{8-7}$$

＜例題 8-2＞　図 8-6 の４端子回路について Z 行列，Y 行列を求めよ．

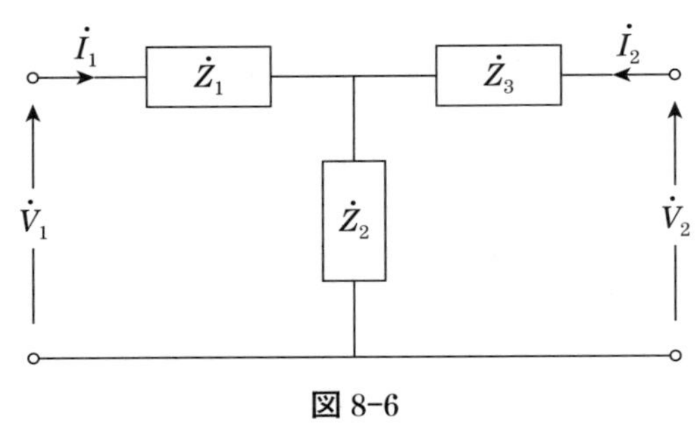

図 8-6

＜解答＞

$$\dot{Z}=\begin{pmatrix} Z_1+Z_2 & Z_2 \\ Z_2 & Z_2+Z_3 \end{pmatrix}$$

$$\dot{Y}=\frac{1}{Z_1Z_2+Z_2Z_3+Z_3Z_1}\begin{pmatrix} Z_2+Z_3 & -Z_2 \\ -Z_2 & Z_1+Z_2 \end{pmatrix}$$

⑵　*F* 行列

４端子行列を縦続接続することを前提にした回路網の表現として**縦続行列**（***F* 行列，４端子行列，伝送行列**）がある．この場合，４端子回路網の出力電流の向きが**図 8-4** と逆の**図 8-7** で示す極性で表現する．

F 行列は次の関係式で定義される．

$$\begin{pmatrix} \dot{V}_1 \\ \dot{I}_1 \end{pmatrix}=\begin{pmatrix} A & B \\ C & D \end{pmatrix}\begin{pmatrix} \dot{V}_2 \\ \dot{I}_2 \end{pmatrix} \quad ここで F=\begin{pmatrix} A & B \\ C & D \end{pmatrix} \tag{8-8}$$

F の係数は

$$\left.\begin{aligned} A &= \left.\frac{\dot{V}_1}{\dot{V}_2}\right|_{\dot{I}_2=0} = \text{出力端開放時の入出力電圧比} \\ B &= \left.\frac{\dot{V}_1}{\dot{I}_2}\right|_{\dot{V}_2=0} = \text{出力短絡時の短絡伝達インピーダンス} \\ C &= \left.\frac{\dot{I}_1}{\dot{V}_2}\right|_{\dot{I}_2=0} = \text{出力端開放時の開放伝達アドミタンス} \\ D &= \left.\frac{\dot{I}_1}{\dot{I}_2}\right|_{\dot{V}_2=0} = \text{出力端短絡時の入出力電流比} \end{aligned}\right\} \quad (8\text{-}9)$$

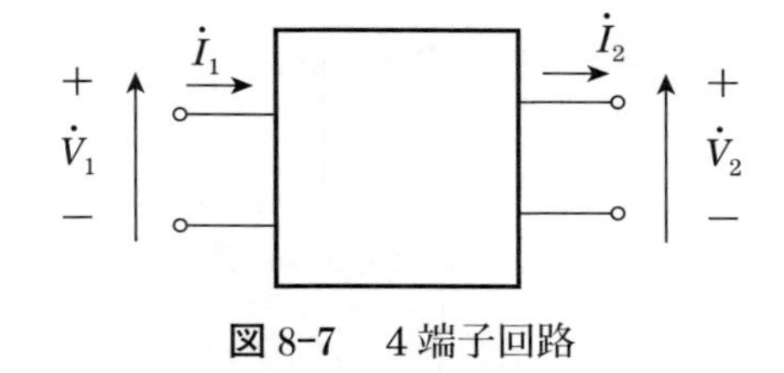

図 8-7　4 端子回路

＜例題 8-3＞

図 8-6 の 4 端子回路について F 行列を求めよ.

＜解答＞

$$\dot{F} = \frac{1}{Z_3}\begin{pmatrix} Z_1Z_2 & Z_1Z_2+Z_2Z_3+Z_3Z_1 \\ 1 & Z_2+Z_3 \end{pmatrix}$$

(3)　回路網の接続

4 端子行列の縦続接続は頻出する回路網の接続である.

図 8-8 のように 2 つの 4 端子回路を縦続接続すると

$$\begin{pmatrix} \dot{V}_1 \\ \dot{I}_1 \end{pmatrix} = \begin{pmatrix} A & B \\ C & D \end{pmatrix}\begin{pmatrix} \dot{V}_2 \\ \dot{I}_2 \end{pmatrix} \quad (8\text{-}10)$$

$$\begin{pmatrix}\dot{V}_2\\ \dot{I}_2\end{pmatrix}=\begin{pmatrix}A' & B'\\ C' & D'\end{pmatrix}\begin{pmatrix}\dot{V}_3\\ \dot{I}_3\end{pmatrix} \tag{8-11}$$

すなわち，以下の関係が成り立ち，縦続接続された縦続行列は積として表せる．

$$\begin{pmatrix}\dot{V}_1\\ \dot{I}_1\end{pmatrix}=\begin{pmatrix}A & B\\ C & D\end{pmatrix}\begin{pmatrix}A' & B'\\ C' & D'\end{pmatrix}\begin{pmatrix}\dot{V}_3\\ \dot{I}_3\end{pmatrix} \tag{8-12}$$

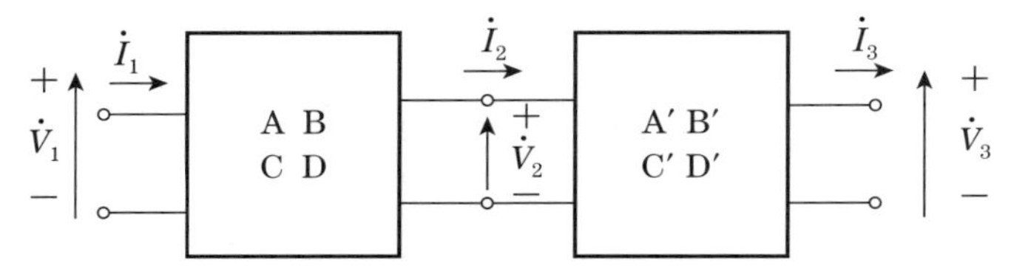

図 8-8　4端子回路の縦続接続

他の接続形態としては直列接続，並列接続などがある．それぞれ Z 行列，Y 行列がその特性を簡便に表示できる．

Z 行列による直列接続を**図 8-9** に，Y 行列による並列接続を**図 8-10** にそれぞれ示す．

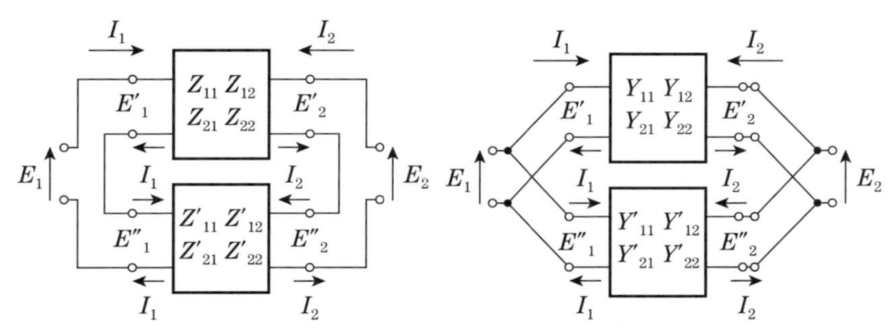

図 8-9　4端子回路の直列接続　　図 8-10　4端子回路の並列接続

Z 行列による直列接続における関係式を求めると，電流は等しく，電圧が和となることから，

$$\begin{pmatrix}\dot{V}_1\\ \dot{V}_2\end{pmatrix}=\begin{pmatrix}\dot{Z}_{11}+\dot{Z}'_{11} & \dot{Z}_{12}+\dot{Z}'_{12}\\ \dot{Z}_{21}+\dot{Z}'_{21} & \dot{Z}_{22}+\dot{Z}'_{22}\end{pmatrix}\begin{pmatrix}\dot{I}_1\\ \dot{I}_2\end{pmatrix} \tag{8-13}$$

一方，Y 行列による並列接続における関係式を求めると，端子の電圧は等しく電流が各回路網の和となることから，下式が成り立つ．

$$\begin{pmatrix}\dot{I}_1\\ \dot{I}_2\end{pmatrix}=\begin{pmatrix}\dot{Y}_{11}+\dot{Y}'_{11} & \dot{Y}_{12}+\dot{Y}'_{12}\\ \dot{Y}_{21}+\dot{Y}'_{21} & \dot{Y}_{22}+\dot{Y}'_{22}\end{pmatrix}\begin{pmatrix}\dot{V}_1\\ \dot{V}_2\end{pmatrix} \tag{8-14}$$

8-3　回路網関数

(1)　回路網関数の種類とその定義

回路網関数には次のような種類がある．

①2端子回路

図 8-11 において次の回路網関数が定義される．

駆動点インピーダンス関数　$Z(s)=\dfrac{V(s)}{I(s)}$　(8-15)

駆動点アドミタンス関数　$Z(s)=\dfrac{V(s)}{I(s)}$　(8-16)

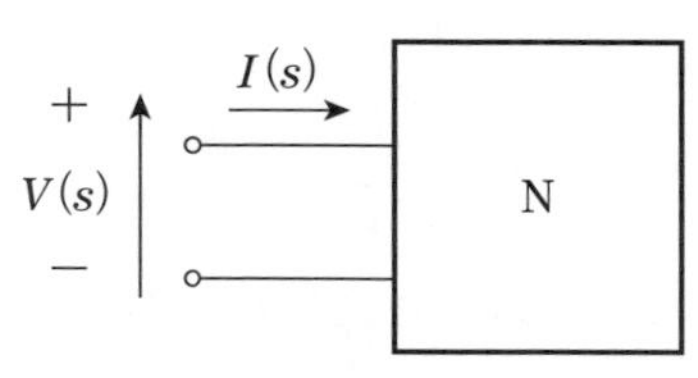

図 8-11　2端子回路

②4端子回路

図 8-12 において次の回路網関数が定義される．

電流伝達関数　$H_i=\dfrac{I_2(s)}{I_1(s)}$　(8-17)

電圧伝達関数　$H_v = \dfrac{V_2(s)}{V_1(s)}$　(8-18)

伝達インピーダンス関数　$Z_T = \dfrac{V_2(s)}{I_1(s)}$　(8-19)

伝達アドミタンス関数　$Y_T = \dfrac{I_2(s)}{V_1(s)}$　(8-20)

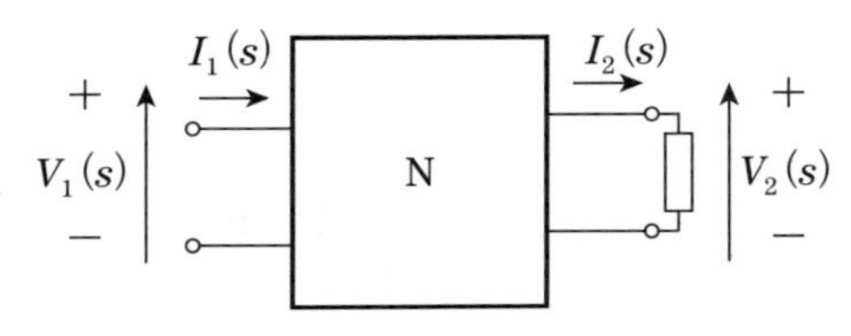

図 8-12　4 端子回路

(2)　*RC* 直列回路の電圧伝達関数

図 8-13 はともに *RC* 回路であるが，(a) は抵抗電圧 $v_R(t)$，(b) はコンデンサ電圧 $v_C(t)$ を出力としており，それぞれの電圧伝達関数は下記のとおりである．

$$H_R(s) = \frac{V_R(s)}{E(s)} = \frac{s}{s + \dfrac{1}{CR}} \tag{8-21}$$

$$H_C(s) = \frac{V_C(s)}{E(s)} = \frac{\dfrac{1}{CR}}{s + \dfrac{1}{CR}} \tag{8-22}$$

この回路の周波数特性を求めるために，$H_R(s)$，$H_C(s)$ の実周波数 $s = \mathrm{j}\omega$ における伝達関数を計算すると，$\tau = CR$ とおくと次式で与えられる．

$$H_R(\mathrm{j}\omega) = \frac{\omega\tau}{\sqrt{1 + (\omega\tau)^2}} e^{\mathrm{j}\phi_R} \quad \phi_R = \frac{\pi}{2} - \tan^{-1}(\omega\tau) \tag{8-23}$$

$$H_C(\mathrm{j}\omega) = \frac{1}{\sqrt{1 + (\omega\tau)^2}} e^{\mathrm{j}\phi_R} \quad \phi_C = -\tan^{-1}(\omega\tau) \tag{8-24}$$

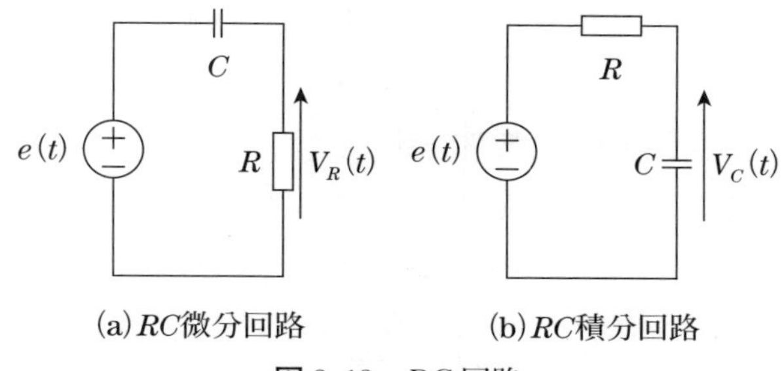

図 8-13　RC 回路

式（8-23），（8-24）から得られる周波数特性を**図 8-14** に示す.

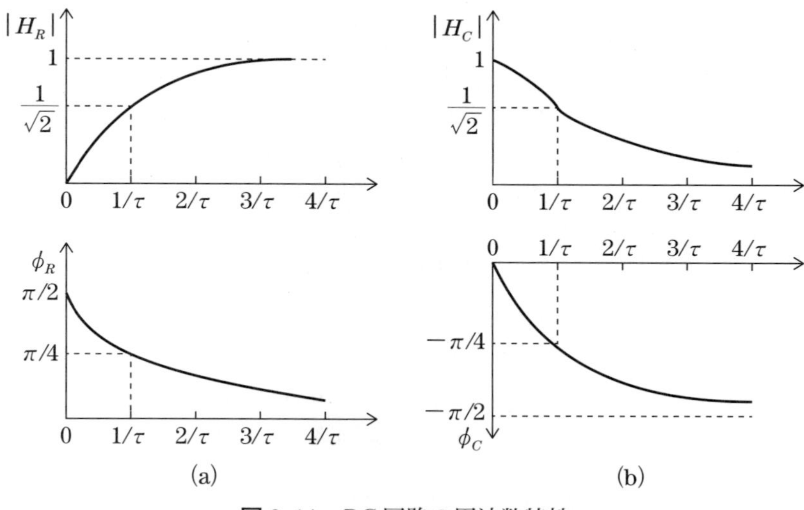

図 8-14　RC 回路の周波数特性

R 出力の（a）の回路では，$|H_R(\mathrm{j}\omega)|$ は $\omega=0$ でゼロであり，減衰域と呼ばれる $0<\omega<1/\tau$ での出力は小さく，通過域と呼ばれる $1/\tau<\omega$ の周波域で出力が大きくなるようになっている．このように限られた周波数を出力が通過する回路は**フィルタ**と呼ぶ．R 出力の（a）の回路のように高周波域を通過させるものは**高域通過形フィルタ**（**High-pass filter**）と呼ばれる．

一方，C 出力の（b）の回路では低域が通過域で**低域通過形フィルタ**（**Low-pass filter**）と呼ばれる．

⑶　*RL* 直列回路の電圧伝達関数

次に**図 8-15** に示す RL 回路について検討する．（a），（b）の回路の電圧伝達関数は以下のとおりとなるので，**図 8-15**（a）は微分回路，（b）は積分回路となることがわかる．

$$H_L(s)=\frac{V_L(s)}{E(s)}=\frac{s}{s+\dfrac{R}{L}} \tag{8-25}$$

$$H_R(s)=\frac{V_R(s)}{E(s)}=\frac{\dfrac{R}{L}}{s+\dfrac{R}{L}} \tag{8-26}$$

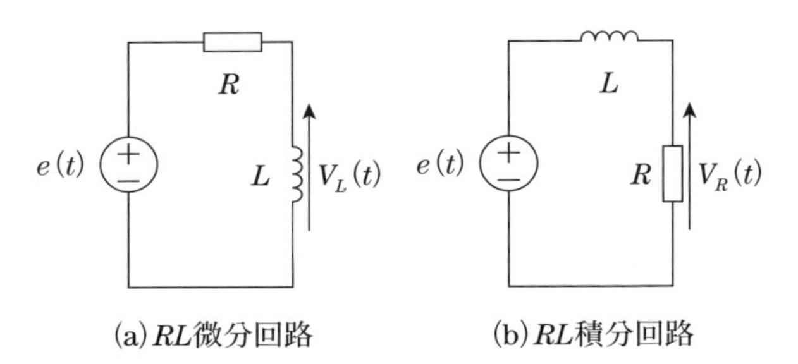

図 8-15　RL 回路

⑷　*RLC* 直列回路

図 8-16 に示す RLC 直列回路について，R を出力とする回路について検討する．電圧伝達係数は下記のとおりである．

$$H_R(s)=\frac{V_R(s)}{E(s)}=\frac{R}{sL+\dfrac{1}{sC}+R}=\frac{\dfrac{R}{L}s}{s^2+\dfrac{R}{L}s+\dfrac{1}{LC}} \tag{8-27}$$

次に $H_R(s)$ の周波数特性 $|H_R(\mathrm{j}\omega)|\mathrm{e}^{j\phi_R}$ を求めると，

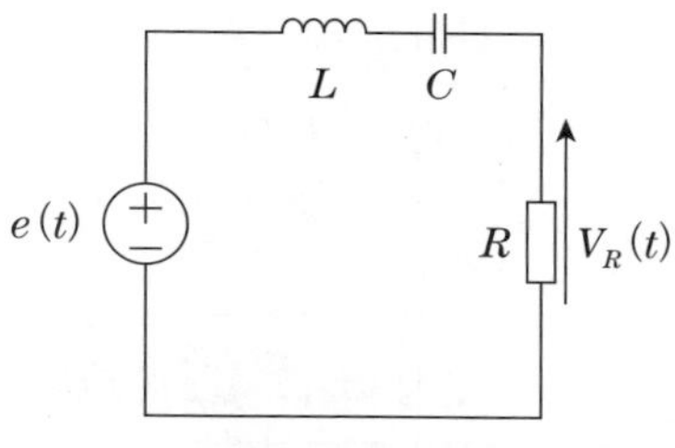

図 8-16 RLC 回路

$$|H_R(\mathrm{j}\omega)| = \frac{\dfrac{R}{L}\omega}{\sqrt{\left(\dfrac{R}{L}\omega\right)^2 + \left(\dfrac{1}{LC} - \omega^2\right)^2}} = \frac{1}{\sqrt{1 + Q^2\left(\dfrac{\omega_0}{\omega} - \dfrac{\omega}{\omega_0}\right)^2}}$$

ただし，$\omega_0{}^2 = \dfrac{1}{LC}$，$Q = \dfrac{\omega_0 L}{R}$

$$\phi_R = \frac{\pi}{2} - \tan^{-1}\left(\frac{\dfrac{\omega_0\omega}{Q}}{\omega_0{}^2 - \omega^2}\right) \tag{8-28}$$

上式をグラフで示すと次の**図 8-17** のようになる．

図 8-17 で分かるように R 出力とする RLC 直列回路は特定の周波数を通過させる特性があり，このような回路を**帯域通過型フィルタ**（**Band-pass filter**）という．回路の Q が大きくなると振幅の周波数

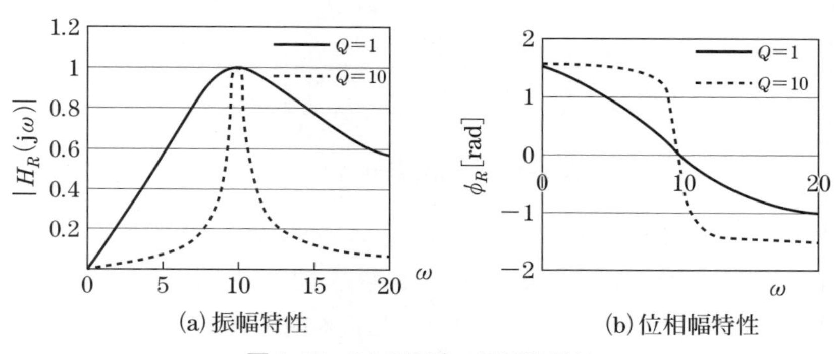

(a) 振幅特性　(b) 位相幅特性

図 8-17　RLC 回路の周波数特性

特性はより先鋭になることが分かる．また位相特性においては $\omega=0$ で $\pi/2$，$\omega=\infty$ で $-\pi/2$ に収束しており，$\omega=\omega_0$ で位相零となっている．

8-4　分布定数回路

これまで R，L，C という回路要素が素子として導線で接続された集中定数回路を扱ってきたが，本節では通信ケーブルや送電線などのように導線全長にわたり，回路定数が分布する分布定数回路について検討する．分布定数回路では電流，電圧は波動となって，時間と距離(位置) の関数として解析されるが，その取り扱いを簡便とするために最終的には本章で示す回路網として取り扱う手法を学ぶ．

(1)　電信方程式

通信線など，分布定数を有すると考えられる回路構成を**図 8-18** に示す．

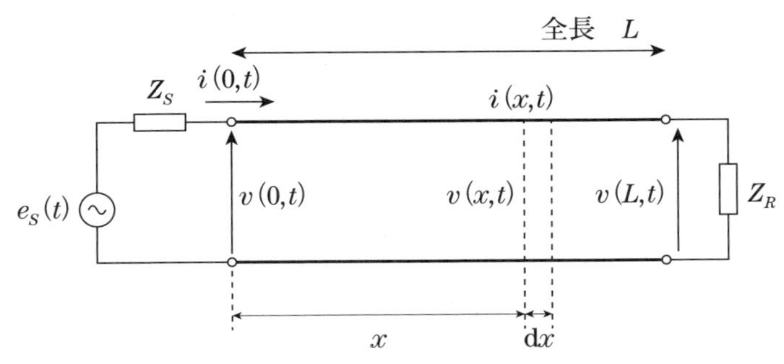

図 8-18　分布定数回路モデル

全長 L の線路で送信側を $x=0$ として，x と時間 t の関数として線路の電流，電圧が表されるものとし，線路全長にわたり分布している成分を用いて，$x=x\sim x+\mathrm{d}x$ の微小区間を**図 8-19** のモデルで表す．

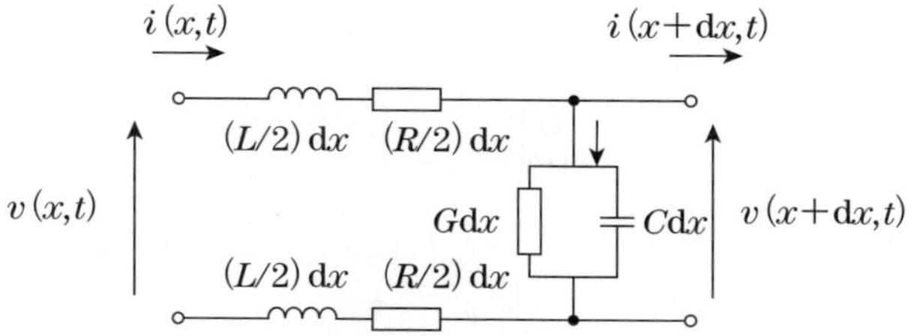

図 8-19　分布定数回路の微小区間モデル

電圧則より

$$v(x+\mathrm{d}x,\ t)-v(x,\ t)=-R\mathrm{d}x\cdot i-L\mathrm{d}x\cdot\frac{\mathrm{d}i}{\mathrm{d}t} \tag{8-29}$$

電流則より

$$i(x+\mathrm{d}x,\ t)-i(x,\ t)=-G\mathrm{d}x\cdot v-C\mathrm{d}x\cdot\frac{\mathrm{d}v}{\mathrm{d}t} \tag{8-30}$$

式（8-29），（8-30）の両辺を $\mathrm{d}x$ で割り，$\mathrm{d}x\to 0$ とし，いずれも距離 x の偏微分であることを考慮すれば，

$$\frac{\partial v}{\partial x}=-Ri-L\frac{\mathrm{d}i}{\mathrm{d}t} \tag{8-31}$$

$$\frac{\partial i}{\partial x}=-Gv-C\frac{\mathrm{d}v}{\mathrm{d}t} \tag{8-32}$$

上記の連立微分方程式を，v, i　それぞれの微分方程式とすると，

$$\frac{\partial^2 v}{\partial x^2}=RGv+(LG+CR)\frac{\mathrm{d}v}{\mathrm{d}t}+LC\frac{\partial^2 v}{\partial t^2} \tag{8-33}$$

$$\frac{\partial^2 i}{\partial x^2}=RGi+(LG+CR)\frac{\mathrm{d}i}{\mathrm{d}t}+LC\frac{\partial^2 i}{\partial t^2} \tag{8-34}$$

式（8-33），（8-34）は電信方程式と呼ばれている．

(2)　電信方程式の解

本項では電信方程式の解を求める過程の詳細は省略して，端的に途中の過程のみを示す．

電信方程式の解として，零状態応答を求めるためにラプラス変換をすると次の式を得る.

$$\frac{\partial^2 V(x,\ s)}{\partial x^2}=\gamma^2 V(x,\ s) \tag{8-35}$$

$$\frac{\partial^2 I(x,\ s)}{\partial x^2}=\gamma^2 I(x,\ s)\quad \text{ただし，}\ \gamma=\sqrt{(R+sL)(G+sC)} \tag{8-36}$$

ここで，s 領域での解を求めると，以下のとおりであり，電圧の電流の分布特性がわかる.

さらにこれを逆ラプラス変換すれば，分布定数回路の各所の時間応答が求められる.

$$V(x,\ s)=A(s)\mathrm{e}^{-\gamma x}+B(s)\mathrm{e}^{\gamma x} \tag{8-37}$$

$$I(x,\ s)=\frac{A(s)}{Z_0(s)}\mathrm{e}^{-\gamma x}-\frac{B(s)}{Z_0(s)}\mathrm{e}^{\gamma x}\quad \text{ただし，}\ Z_0(s)=\sqrt{\frac{R+sL}{G+sC}} \tag{8-38}$$

$A(s)$，$B(s)$ は微分方程式の未定係数であり，線路の両端（送信端，受信端）の境界条件によって定まる.

例えば，**図 8-20** のように送信端の電圧，電流を $V_0(s)$，$I_0(s)$ と与えた場合，距離 x の地点の $V(x,\ s)$，$I(x,\ s)$ を求めてみよう.

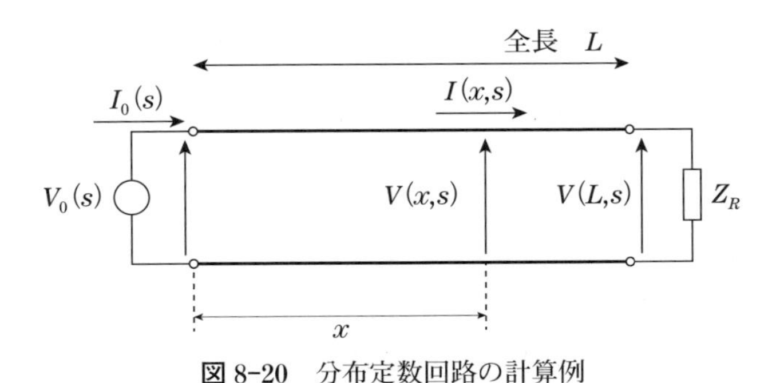

図 8-20　分布定数回路の計算例

境界条件を式（8-37），（8-38）に代入して，

$$V_0(s)=A(s)+B(s),\ I_0(s)=\frac{A(s)}{Z_0}-\frac{B(s)}{Z_0} \tag{8-39}$$

したがって，$A(s)=\dfrac{V_0(s)+Z_0I(s)}{2}$，　$B(s)=\dfrac{V_0(s)-Z_0I(s)}{2}$

(8-40)

式 (8-40) を式 (8-37)，(8-38) に代入して整理すると

$$\begin{pmatrix} V(x,\ s) \\ I(x,\ s) \end{pmatrix}=\begin{pmatrix} \cosh(\gamma x) & -Z_0\sinh(\gamma x) \\ -\dfrac{1}{Z_0}\sinh(\gamma x) & \cosh(\gamma x) \end{pmatrix}\begin{pmatrix} V_0(s) \\ I_0(s) \end{pmatrix} \tag{8-41}$$

となって，**図 8-20** の電流電圧分布の計算が可能となる.

なお，式 (8-41) において $x=l$ として，逆行列を両辺にかけると次の線路長 l の分布定数回路の F 行列が求められる.

$$\begin{pmatrix} V_0(s) \\ I_0(s) \end{pmatrix}=\begin{pmatrix} \cosh(\gamma l) & Z_0\sinh(\gamma l) \\ \dfrac{1}{Z_0}\sinh(\gamma l) & \cosh(\gamma l) \end{pmatrix}\begin{pmatrix} V(l,\ s) \\ I(l,\ s) \end{pmatrix} \tag{8-42}$$

章末問題 8

1　次の手順により密結合変成器の 4 端子等価回路**図 8-21** (c) を導出せよ.

(1)　1 次側電圧電流と 2 次側電流電圧の関係式を求めよ.

(2)　(1)より変成器の Z 行列を求めよ.

(3)　**図 8-21** (a)，(b) の Z 行列はそれぞれ，$\dot{Z}_a=\begin{pmatrix} \dot{Z}_{a1} & 0 \\ 0 & \dot{Z}_{a2} \end{pmatrix}$，$\dot{Z}_b=\begin{pmatrix} \dot{Z}_b & \dot{Z}_b \\ \dot{Z}_b & \dot{Z}_b \end{pmatrix}$ となる.　$\dot{Z}=\dot{Z}_a+\dot{Z}_b$ の直列接続となるように，$\dot{Z}_{a1}$，$\dot{Z}_{a2}$，$\dot{Z}_b$ を定めよ.

(4)　**図 8-21** (a)，(b) に(3)で求めた $\dot{Z}_{a1}$，$\dot{Z}_{a2}$，$\dot{Z}_b$ をあたえ，回

路を直列接続し，等価回路**図 8-21**（c）を導出せよ．

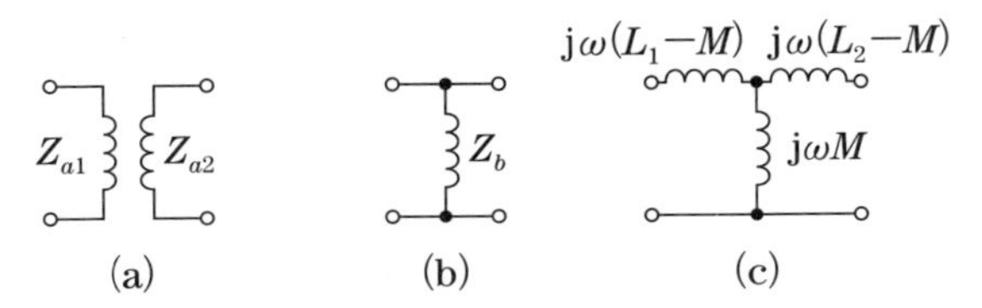

図 8-21　密結合変成器の等価回路導出

2　次の２端子対回路の Z，Y，F 行列を求めよ．

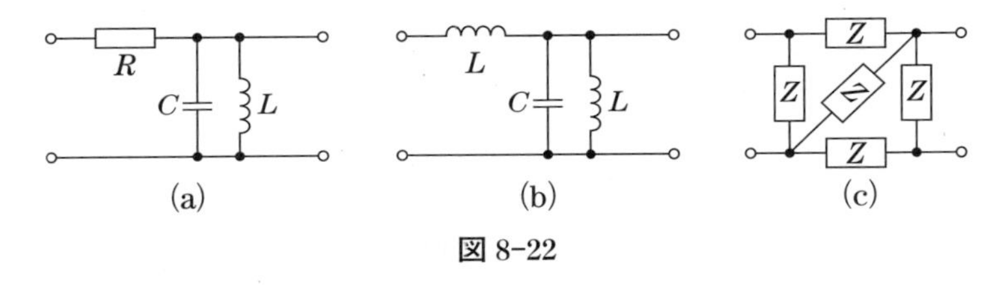

図 8-22

3　図 8-23 の２端子対回路の F 行列を求めよ．

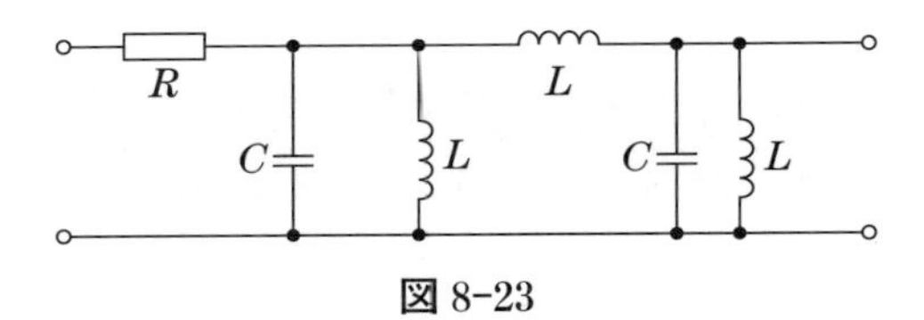

図 8-23

4　図 8-24 の２端子対回路の Z 行列を求めよ．

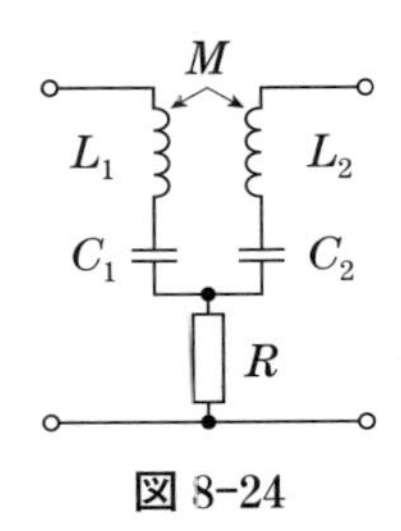

図 8-24

5 次の回路の駆動点インピーダンス関数を求めよ．

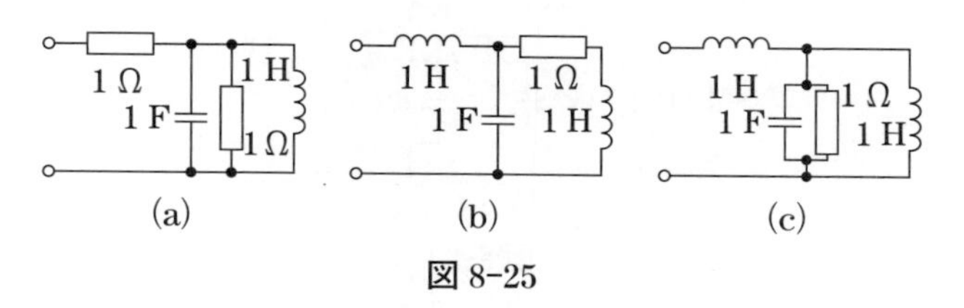

図 8-25

6 次の回路の電圧伝達関数を求めよ．

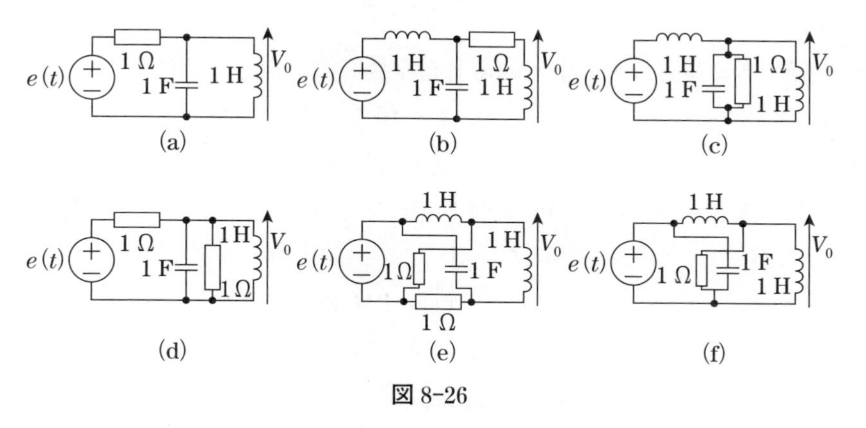

図 8-26

7 図 8-27 の回路の特性について次の手順で検討せよ．

(1) 電圧伝達関数 $H(s)$ を求めよ．

(2) $R = \sqrt{L/C}$ のとき，$H(s)$ を整理し，$H(j\omega)$ の振幅特性，位相特性を求めよ．この回路は全域通過回路と呼ばれる特性を持つ．

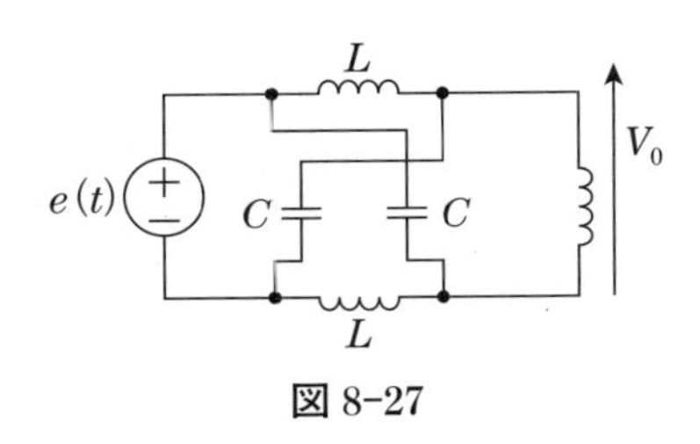

図 8-27

8　式 (8-42) で表された線路長 l の分布定数回路の F 行列を誘導せよ.

9　ある長さ以上の信号線を分布定数回路とみなす条件として，波長との比に注目し，波長 λ の 1/4 を超える場合と仮定する．送電線 50 Hz と 700 MHz の信号線の分布定数とみなすべき線路長を求めよ.

10　式 (8-38) の γ，式 (8-40) の Z_0 に $s = \mathrm{j}\omega$ を代入し，周波数域での定数（大きさ）を求めたとき，γ を伝搬定数，Z_0 を特性インピーダンスと呼ぶ．線路定数が $R = 0.1\ \Omega/\mathrm{km}$，$L = 0.5\ \mathrm{mH/km}$，$C = 0.005\ \mu\mathrm{F/km}$，$G = 0$ なるとき，周波数 $f = 50\ \mathrm{Hz}$ における特性インピーダンス Z_0 および伝搬定数 γ を求めよ.

第９章　状態方程式

６章では回路内のスイッチが切り替わるなど，回路が変化した直後から定常状態に至るまでの過渡的な電流，電圧を求めることを対象とした過渡解析を学んだが，回路を解析するための未知数の設定と回路方程式の導出までの体系的な方法については触れていない．6-4 節に示したコンデンサ電圧，コイル電流が不連続になる特殊な場合を除けば，回路の変数は連続値となる．また，回路の初期値として回路の状態を決めるのがコンデンサの初期電圧，コイルの初期電流であったことから，回路の状態を決めるのはこれらの値を未知数とすれば，任意の時間の回路の状態を表記できると考えられる．このように回路の状態を表すのに最低限必要な変数の組み合わせを状態と呼び，その変数を状態変数と呼ぶ．本章では状態変数を用いて，状態方程式から回路の解析を行う状態変数解析について学ぶ．

☆この章で使う基礎事項☆

基礎 9-1　定数変化法を用いた微分方程式の解法

式（9-1）に示す微分方程式の定数変化法による解法を示す．

$$\frac{\mathrm{d}x}{\mathrm{d}t}+f(t)x=g(t) \tag{9-1}$$

まず右辺を零とした斉次微分方程式の解を求める．下記の式変形を行い，

$$\frac{\mathrm{d}x}{\mathrm{d}t}+f(t)x=0 \rightarrow \frac{\mathrm{d}x}{x}+f(t)\mathrm{d}t=0$$

上の式を積分すると

$$\log x+\int f(t)\mathrm{d}t=C$$

$$x=\mathrm{e}^{C}\mathrm{e}^{-\int f(t)\mathrm{d}t}=C'\mathrm{e}^{-\int f(t)\mathrm{d}t} \tag{9-2}$$

ここで右辺を $g(t)$ とした時の解が下記の式（9-3）であると仮定し，微分方程式に代入する．

$$x=C(t)\mathrm{e}^{-\int f(t)\mathrm{d}t} \tag{9-3}$$

$$\begin{aligned}\frac{\mathrm{d}x}{\mathrm{d}t}+f(t)x&=\frac{\mathrm{d}C(t)}{\mathrm{d}t}\mathrm{e}^{-\int f(t)dt}-C(t)f(t)\mathrm{e}^{-\int f(t)\mathrm{d}t}\\&\quad+f(t)C(t)\mathrm{e}^{-\int f(t)\mathrm{d}t}\\&=\frac{\mathrm{d}C(t)}{\mathrm{d}t}\mathrm{e}^{-\int f(t)\mathrm{d}t}=g(t)\end{aligned} \tag{9-4}$$

式（9-4）より $C(t)=\int g(t)\mathrm{e}^{\int f(t)\mathrm{d}t}\mathrm{d}t+\mathrm{k}$　（k は任意定数）

$$\text{よって，}\ x=\mathrm{e}^{-\int f(t)\mathrm{d}t}\left[\int g(t)\mathrm{e}^{\int f(t)\mathrm{d}t}\mathrm{d}t+\mathrm{k}\right] \tag{9-5}$$

基礎 9-2　指数関数の定義から行列指数関数への拡張

指数関数の定義より下記の式が示される.

$$\mathrm{e}^{at} = 1 + \frac{at}{1!} + \frac{a^2t^2}{2!} + \cdots \frac{a^nt^n}{n!} + \cdots \tag{9-6}$$

同じように指数として行列を指定すると，下記の遷移行列が得られる.

$$\mathrm{e}^{\dot{A}t} = 1 + \frac{\dot{A}t}{1!} + \frac{\dot{A}^2t^2}{2!} + \frac{\dot{A}^3t^3}{3!} + \cdots \frac{\dot{A}^nt^n}{n!} + \cdots \tag{9-7}$$

基礎 9-3　ケーリー・ハミルトンの定理

正方行列 A の固有方程式は下記で定義される.

$$\det[\lambda \boldsymbol{I} - \boldsymbol{A}]F(\lambda) = 0 \tag{9-8}$$

この固有方程式について式（9-9）が成立することをケーリー・ハミルトンの定理という.

$$F(\boldsymbol{A}) = \boldsymbol{0} \tag{9-9}$$

例えば，$\boldsymbol{A} = \begin{pmatrix} 1 & 4 \\ 3 & 2 \end{pmatrix}$ とすると，$F(\lambda) = \det[\lambda \boldsymbol{I} - \boldsymbol{A}]\ \det\begin{pmatrix} \lambda-1 & -4 \\ -3 & \lambda-2 \end{pmatrix}$ $= \lambda^2 - 3\lambda - 10$

ここで $F(\boldsymbol{A}) = \boldsymbol{A}^2 - 3\boldsymbol{A} - 10\boldsymbol{I} = \begin{pmatrix} 1 & 4 \\ 3 & 2 \end{pmatrix}^2 - 3\begin{pmatrix} 1 & 4 \\ 3 & 2 \end{pmatrix} - \begin{pmatrix} 10 & 0 \\ 0 & 10 \end{pmatrix} = \begin{pmatrix} 0 & 0 \\ 0 & 0 \end{pmatrix}$ $= \boldsymbol{0}$ となって定理が成立することが確認できる.

9-1　1次回路網の状態方程式

一例として**図 9-1** の RL 回路について状態方程式を誘導し，出力 $v_L(t)$ を求める.

回路の KVL を求めると,

$$e(t) = Ri(t) + L\frac{\mathrm{d}i(t)}{\mathrm{d}t} \tag{9-10}$$

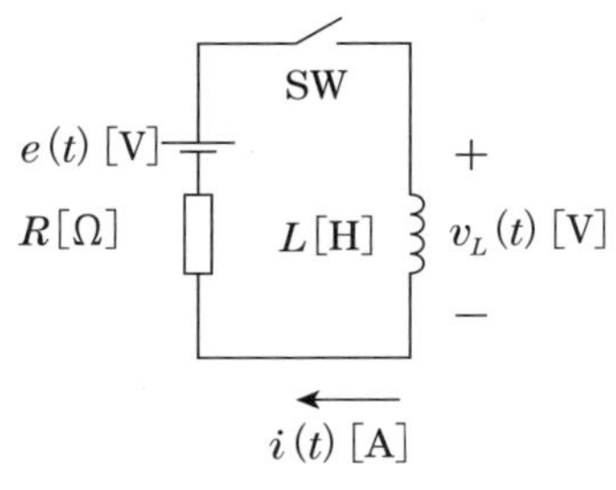

図 9-1　RL 回路

コイルの電流，電圧関係より

$$v_L(t) = L\frac{\mathrm{d}i(t)}{\mathrm{d}t} \tag{9-11}$$

式（9-10），（9-11）から次の２式を得る．

$$\frac{\mathrm{d}i(t)}{\mathrm{d}t} = -\frac{R}{L}i(t) + \frac{1}{L}e(t) \tag{9-12}$$

$$v_L(t) = -Ri(t) + e(t) \tag{9-13}$$

先に述べたように回路の状態変数は $i(t)$ であり，与えられた電源 $e(t)$ を入力変数として，求めたい出力変数 $v_L(t)$ が定められる．状態変数を $x(t)$，入力変数 $u(t)$，出力変数 $y(t)$ とすると一般的に次のように表現ができる．

$$\frac{\mathrm{d}x(t)}{\mathrm{d}t} = Ax(t) + Bu(t) \tag{9-14}$$

$$y(t) = Cx(t) + Du(t) \tag{9-15}$$

式（9-14）を状態微分方程式，式（9-15）を入出力状態方程式と呼び，合わせて標準状態方程式（もしくは標準形）と呼ぶ．

状態微分方程式の解はラプラス変換を利用すると直ちに求められる．式（9-14）をラプラス変換して，

$$sX(s) - x(0+) = AX(s) + BU(s) \tag{9-16}$$

したがって

$$X(s) = \frac{1}{s-A}x(0_+) + \frac{1}{s-A}BU(s) \tag{9-17}$$

式 (9-17) を逆ラプラス変換することにより $x(t)$ を求め，入力変数 $u(t)$ の既知の条件を入れて確認することができる．これは基礎 9-1 の非斉次微分方程式の解 (9-5) と同等である．また出力変数は式 (9-15) より (9-20) のとおり求められる．

$$x(t) = x(0_+)\mathrm{e}^{At} + \mathrm{e}^{At}\int_{0+}^{t}\mathrm{e}^{-A\tau}Bu(\tau)\mathrm{d}\tau \tag{9-18}$$

$$y(t) = C\left(x(0_+)\mathrm{e}^{At} + \mathrm{e}^{At}\int_{0+}^{t}\mathrm{e}^{-A\tau}Bu(\tau)\mathrm{d}\tau\right) + Du(t) \tag{9-19}$$

以上の結果より，**図 9-1** の応答では状態変数である $i(t)$ が下記のとおり誘導される．

$$i(t) = i(0_+)\mathrm{e}^{-\frac{R}{L}t} + \mathrm{e}^{-\frac{R}{L}t}\int_{0+}^{t}\mathrm{e}^{\frac{R}{L}t}\frac{1}{L}e(\tau)\mathrm{d}\tau \tag{9-20}$$

出力であるコイル電圧は式 (9-13) のように $i(t)$，$e(t)$ の一次結合で表され，$L\mathrm{d}i/\mathrm{d}t$ のように微分の必要がないことに注意して欲しい．

次に**図 9-2** に示す RC 回路の標準状態方程式を誘導する．

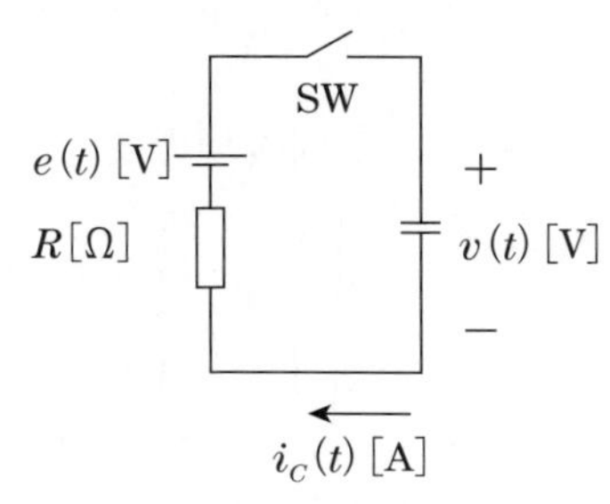

図 9-2　RC 回路

入力変数を $e(t)$，状態変数を $v(t)$，出力変数を $i_C(t)$ とすると，回路の KVL，コンデンサ特性式は

$$e(t) = Ri_C(t) + v(t) \tag{9-21}$$

$$i_C(t) = C\frac{\mathrm{d}v(t)}{\mathrm{d}t} \tag{9-22}$$

前の２式より，下記の標準状態方程式が導かれる．

$$\frac{\mathrm{d}v(t)}{\mathrm{d}t} = -\frac{1}{RC}v(t) + \frac{1}{RC}e(t) \tag{9-23}$$

$$i_C(t) = -\frac{1}{R}v(t) + \frac{1}{R}e(t) \tag{9-24}$$

9-2　2次以上の回路網の状態方程式

状態変数を２個以上含む回路について状態方程式を導出する．先に述べたように状態変数はコイル電流，コンデンサ電圧とすることが適当であるので，**図 9-3** の回路においては $v(t)$，$i(t)$ が状態変数となる．ここで，入力変数を $e(t)$，出力変数を $i_0(t)$ とする．KVL，KCL，素子特性より以下の関係が求められる．

$$e(t) = L\frac{\mathrm{d}i(t)}{\mathrm{d}t} + v(t) \tag{9-25}$$

$$\frac{L}{R_L}\frac{\mathrm{d}i(t)}{\mathrm{d}t} + i(t) = \frac{v(t)}{R_C} + C\frac{\mathrm{d}v(t)}{\mathrm{d}t} = i_0(t) \tag{9-26}$$

したがって標準状態方程式を行列表現すると，

$$\frac{1}{\mathrm{d}t}\begin{pmatrix} v \\ i \end{pmatrix} = \begin{pmatrix} -\dfrac{R_C+R_L}{CR_CR_L} & \dfrac{1}{C} \\ -\dfrac{1}{L} & 0 \end{pmatrix}\begin{pmatrix} v \\ i \end{pmatrix} + \begin{pmatrix} \dfrac{1}{CR_L} \\ \dfrac{1}{L} \end{pmatrix}(e(t)) \tag{9-27}$$

$$(i_0(t)) = \begin{pmatrix} -\dfrac{1}{R_L} & 1 \end{pmatrix}\begin{pmatrix} v \\ i \end{pmatrix} + \frac{1}{R_L}(e(t)) \tag{9-28}$$

と整理できる．標準状態方程式は（9-25），（9-26）の連立方程式を状態変数の導関数，出力関数である $\mathrm{d}v/\mathrm{d}t$，$\mathrm{d}i/\mathrm{d}t$，i_0 を未知数とした５元連立方程式として解くと考えればよい．

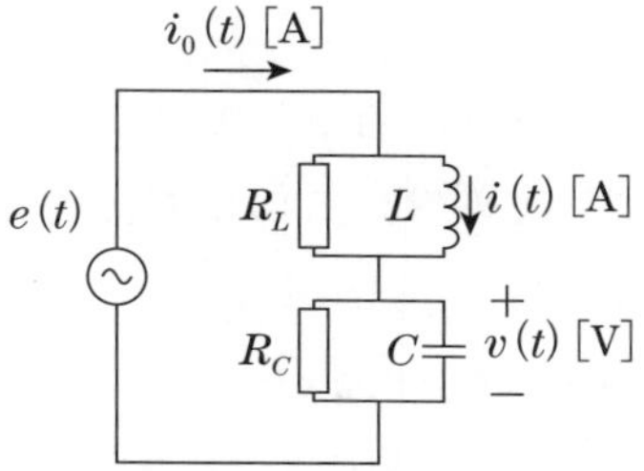

図 9-3　RLC 回路

式（9-27），（9-28）は状態変数をベクトル化した行列形式で表現しており，入力関数，出力関数も同様にベクトル化した一般式は式（9-29），（9-30）で表現できる．

$$\boldsymbol{x}'(t)=\boldsymbol{A}\boldsymbol{x}(t)+\boldsymbol{B}\boldsymbol{u}(t) \tag{9-29}$$

$$\boldsymbol{y}'(t)=\boldsymbol{C}\boldsymbol{x}(t)+\boldsymbol{D}\boldsymbol{u}(t) \tag{9-30}$$

式（9-29）の状態ベクトル微分方程式の解は状態微分方程式の解（9-18）をベクトルに拡張した表現として，式（9-31）で表されることが分かっている．

$$\boldsymbol{x}(t)=\mathrm{e}^{\boldsymbol{A}t}\boldsymbol{x}(0_+)+\int_{0+}^{t}\mathrm{e}^{\boldsymbol{A}(t-\tau)}\boldsymbol{B}\boldsymbol{u}(\tau)\mathrm{d}\tau \tag{9-31}$$

ここで用いる $\mathrm{e}^{\boldsymbol{A}t}$ の定義については基礎 9-2 で紹介したとおりである．

9-3　遷移行列 e^{At} の計算方法

(1)　ケーリー・ハミルトンの定理を用いる方法

式（9-7）より $\mathrm{e}^{\boldsymbol{A}t}$ は $\boldsymbol{A}^n$ を簡単化することにより求められる．たとえば 2×2 の正方行列の場合，ケーリー・ハミルトンの定理より $\boldsymbol{A}^2$ は $a\boldsymbol{A}+b\boldsymbol{I}$ の形式で表すことができるので，$\boldsymbol{A}^n$ も同様に $a\boldsymbol{A}+b\boldsymbol{I}$ と表せる．したがって，$\mathrm{e}^{\boldsymbol{A}t}$ は次のように表せる．

$$e^{\boldsymbol{A}t}=\beta_0(t)\boldsymbol{I}+\beta_1(t)\boldsymbol{A} \tag{9-32}$$

$\boldsymbol{A}$ が３×３，４×４の正方行列のときは固有方程式がそれぞれ３次，４次方程式になるので，$\boldsymbol{A}$ が３×３の正方行列では

$$e^{\boldsymbol{A}t}=\beta_0(t)\boldsymbol{I}+\beta_1(t)\boldsymbol{A}+\beta_2(t)\boldsymbol{A}^2 \tag{9-33}$$

となり，$\boldsymbol{A}$ が４×４の正方行列では

$$e^{\boldsymbol{A}t}=\beta_0(t)\boldsymbol{I}+\beta_1(t)\boldsymbol{A}+\beta_2(t)\boldsymbol{A}^{2+}\beta_3(t)\boldsymbol{A}^3 \tag{9-34}$$

となる．

ここで，２×２の正方行列の場合の $e^{\boldsymbol{A}t}$ を求めてみよう．$e^{\boldsymbol{A}t}$ は式 (9-32) と仮定できるので，ここで $\boldsymbol{A}$ の代わりに $\boldsymbol{A}$ の固有値 λ_1, λ_2 を代入すると，

$$e^{\lambda_1 t}=\beta_0(t)+\beta_1(t)\lambda_1,\quad e^{\lambda_2 t}=\beta_0(t)+\beta_1(t)\lambda_2$$

したがって，$\beta_0(t)=\dfrac{\lambda_2 e^{\lambda_1 t}-\lambda_1 e^{\lambda_2 t}}{\lambda_2-\lambda_1}$，$\beta_1(t)=\dfrac{e^{\lambda_2 t}-e^{\lambda_1 t}}{\lambda_2-\lambda_1}$ となり，

$$e^{\boldsymbol{A}t}=\frac{1}{\lambda_2-\lambda_1}(\lambda_2 e^{\lambda_1 t}-\lambda_1 e^{\lambda_2 t})\boldsymbol{I}+\frac{1}{\lambda_2-\lambda_1}(e^{\lambda_2 t}-e^{\lambda_1 t})\boldsymbol{A} \tag{9-35}$$

ただし，固有方程式が重解となる場合は計算上の工夫が必要なので，別途関係の数学書などで学習されたい．

(2) ラプラス変換を用いる方法

式 (9-29) をラプラス変換すると

$$s\boldsymbol{X}(s)-\boldsymbol{x}(0_+)=\boldsymbol{A}\boldsymbol{X}(s)+\boldsymbol{B}\boldsymbol{U}(s)$$

これより，

$$\boldsymbol{X}(s)=(s\boldsymbol{I}-\boldsymbol{A})^{-1}\boldsymbol{x}(0_+)+(s\boldsymbol{I}-\boldsymbol{A})^{-1}\boldsymbol{B}\boldsymbol{U}(s) \tag{9-36}$$

式 (9-36) と式 (9-31) を比較すれば，下記の式が得られる．

$$\mathcal{L}(e^{\boldsymbol{A}t})=(s\boldsymbol{I}-\boldsymbol{A})^{-1} \tag{9-37}$$

＜例題 9-1＞　下記の行列 $\boldsymbol{A}$ について $\mathrm{e}^{\boldsymbol{A}t}$ を求めよ．

(1)　$\boldsymbol{A}=\begin{pmatrix}\mathrm{a} & 0\\ 0 & \mathrm{b}\end{pmatrix}$　　(2)　$\boldsymbol{A}=\begin{pmatrix}2 & -1\\ 4 & -3\end{pmatrix}$

＜解答＞

(1)　$\begin{pmatrix}\mathrm{e}^{\mathrm{a}t} & 0\\ 0 & \mathrm{e}^{\mathrm{b}t}\end{pmatrix}$　　(2)　$\dfrac{1}{3}\begin{pmatrix}4\mathrm{e}^{t}-\mathrm{e}^{-2t} & -\mathrm{e}^{t}+\mathrm{e}^{-2t}\\ 4\mathrm{e}^{t}-4\mathrm{e}^{-2t} & -\mathrm{e}^{t}+4\mathrm{e}^{-2t}\end{pmatrix}$

9-4　状態変数の決定

先に初期状態の決定過程よりコンデンサ電圧，コイル電流を状態変数として用いるのが適当であることを示したが，コンデンサやコイルが複数ある場合，そのすべてを状態変数とすることができない場合があるので注意が必要である．

コンデンサについては，**図 9-4** に示すようなコンデンサのみで接続された閉路，コンデンサのみで構成されるカットセットの場合，すべてのコンデンサ電圧が独立とはならないので，いずれかの電圧が状態変数より除外される．

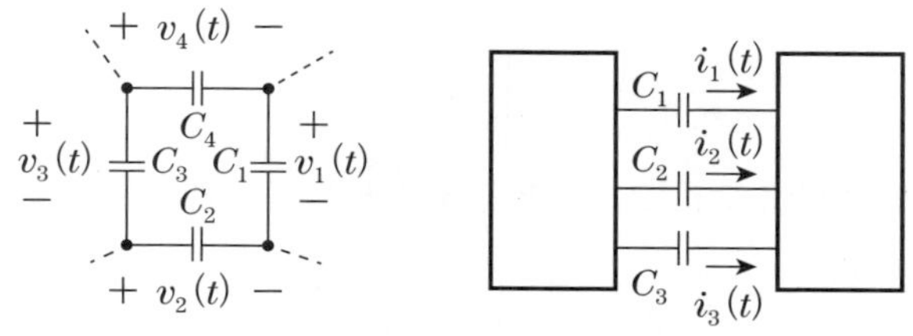

(a) Cのみからなる閉路　(b) Cのみからなるカットセット

図 9-4　コンデンサの接続状況

コイルについても同様である．**図 9-5** に示すようなコイルのみで接続された閉路，コイルのみで構成されるカットセットの場合，すべてのコイル電流が独立とはならないので，いずれかの電流が状態変数より除外される．

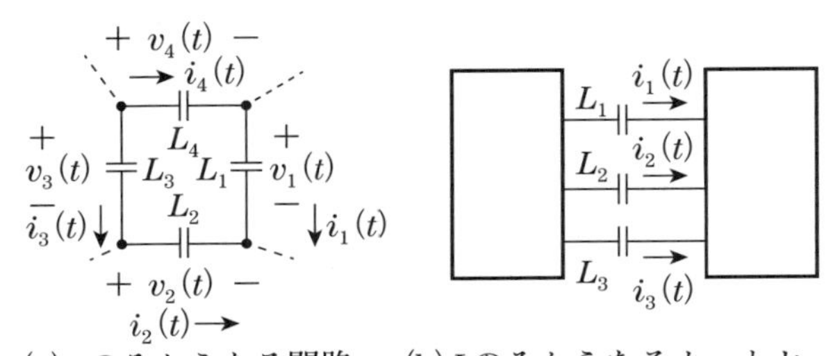

(a) Lのみからなる閉路　(b) Lのみからなるカットセット

図 9-5　コイルの接続状況

章末問題 9

1　図 9-6 の回路において，適当な状態変数を選び，$v_0(t)$ を出力関数とする標準状態方程式を導け．また，その状態方程式を解いて，出力関数 $v_0(t)$ を求めよ．

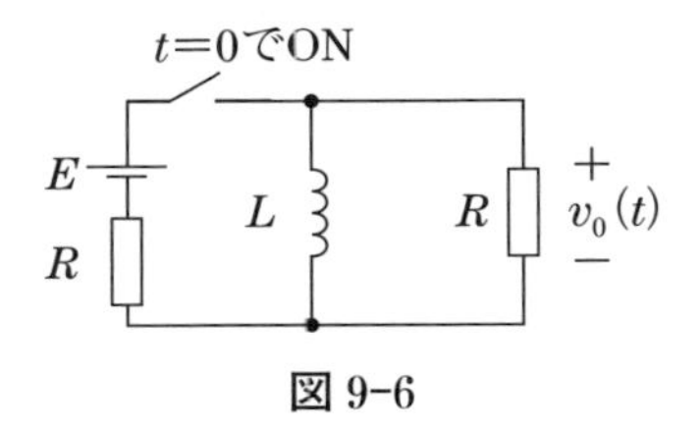

図 9-6

2　図 9-7 の回路で $v_r(t)$ を出力変数として，標準状態方程式をたて，行列で表せ．

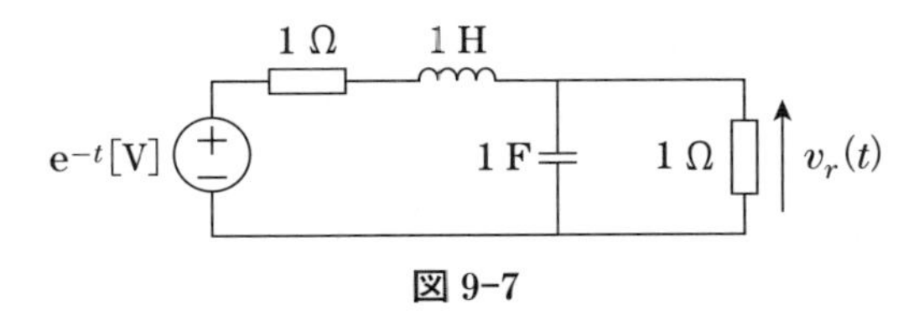

図 9-7

3 図 9-8 の回路において，適当な状態変数を選び，$v_0(t)$ を出力関数とする標準状態方程式を導け．

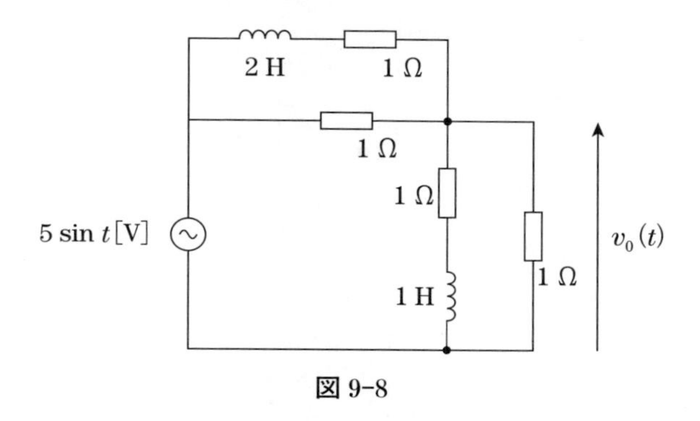

図 9-8

4 図 9-9 の回路において，適当な状態変数を選び，$v_0(t)$ を出力関数とする標準状態方程式を導け．

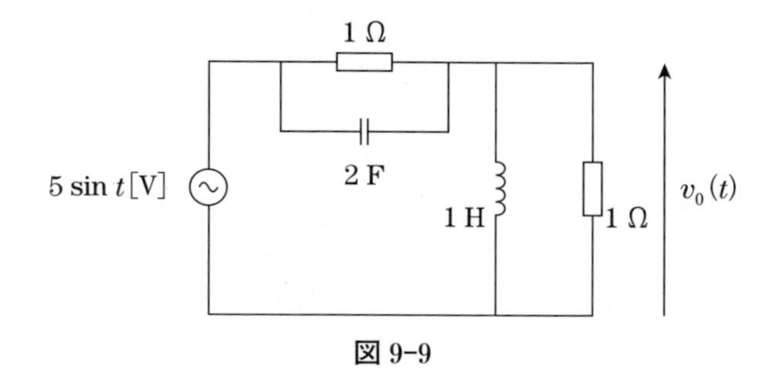

図 9-9

5 次の行列について $\mathrm{e}^{\boldsymbol{A}t}$ を求めよ．

(1) $\boldsymbol{A}=\begin{pmatrix}-2 & 2\\ -3 & 5\end{pmatrix}$　(2) $\boldsymbol{A}=\begin{pmatrix}5 & -2\\ -4 & -2\end{pmatrix}$　(3) $\boldsymbol{A}=\begin{pmatrix}1 & -1 & 0\\ 0 & 1 & 0\\ 0 & 1 & 2\end{pmatrix}$

第 10 章　多相回路

２章で取り扱った単一の周波数，位相の電源により駆動する交流回路は単相交流回路と呼ばれる．一方，同一周波数で位相の異なる２個以上の電源を組み合わせた電源回路を有する回路を多相回路と呼ぶ．n 個の電源の起電力が等しく，位相が $2\pi/n$ だけ等間隔にずれた電源から構成される場合，対称 n 相交流と呼ばれ，起電力や位相間隔が異なる場合は，非対称 n 相交流と呼ばれる．本章では最も一般的な三相交流を中心に扱う．

☆この章で使う基礎事項☆

基礎 10-1　ΔY 変換と YΔ 変換

ΔY 変換（デルタワイ変換，デルタスター変換），**YΔ 変換**（ワイデルタ変換，スターデルタ変換）は交流の計算の中ですでに出会っている可能性もあるが，本章で頻出するので確認をしておく．

図 10-1（a）のΔ回路と（b）は相互に等価回路が求められ，インピーダンスの関係は式（10-1），（10-2）となる．

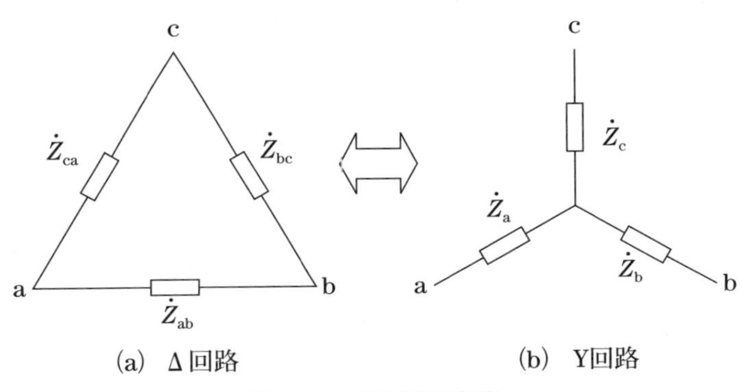

図 10-1　ΔY 相互変換

• ΔY 変換

$$\dot{Z}_a = \frac{\dot{Z}_{ca} \cdot \dot{Z}_{ab}}{\dot{Z}_{ab} + \dot{Z}_{bc} + \dot{Z}_{ca}}$$

$$\dot{Z}_b = \frac{\dot{Z}_{ab} \cdot \dot{Z}_{bc}}{\dot{Z}_{ab} + \dot{Z}_{bc} + \dot{Z}_{ca}} \qquad (10\text{-}1)$$

$$\dot{Z}_c = \frac{\dot{Z}_{bc} \cdot \dot{Z}_{ca}}{\dot{Z}_{ab} + \dot{Z}_{bc} + \dot{Z}_{ca}}$$

• YΔ 変換

$$\dot{Z}_{ab}=\frac{\dot{Z}_a\dot{Z}_b+\dot{Z}_b\dot{Z}_c+\dot{Z}_c\dot{Z}_a}{\dot{Z}_c}$$

$$\dot{Z}_{bc}=\frac{\dot{Z}_a\dot{Z}_b+\dot{Z}_b\dot{Z}_c+\dot{Z}_c\dot{Z}_a}{\dot{Z}_a} \quad (10\text{-}2)$$

$$\dot{Z}_{ca}=\frac{\dot{Z}_a\dot{Z}_b+\dot{Z}_b\dot{Z}_c+\dot{Z}_c\dot{Z}_a}{\dot{Z}_b}$$

基礎 10-2　位相差

電圧に位相差が発生するのは，発電機のコイルの物理的な位置関係に起因する．たとえば２極同期発電機では，内部で NS の１個の電磁石が回転しており，１回転で１周期の発電をしている．三相発電機の場合，外側円周方向に 120 度（$2/3\pi$）ずつずれた位置に３組のコイルが設置されている．それぞれのコイルが 120 度（$2/3\pi$）ずつずれているために，それぞれの起電力も $2/3\pi$ だけ位相が遅れていく．発電機の構造については電気機器の教科書を参照されたい．

10-1　三相交流の基礎

対称三相交流電圧は**図 10-2** のように $2/3\pi$ ずつ位相の違う３つの正弦波で示される．３つの交流電源が三相電源を構成する場合は，回路としては主として**図 10-3 の Y 結線**で接続される．

対称三相電源の電圧は式（10-3）のように表示される．

$$\dot{E}_a=E_m\sin\omega t$$

$$\dot{E}_b=E_m\sin\{\omega t-(2/3)\pi\} \quad (10\text{-}3)$$

$$\dot{E}_c=E_m\sin\{\omega t+(2/3)\pi\}$$

図中の a-o 間，b-o 間，c-o 間の各電圧は電源の電圧であり，それ

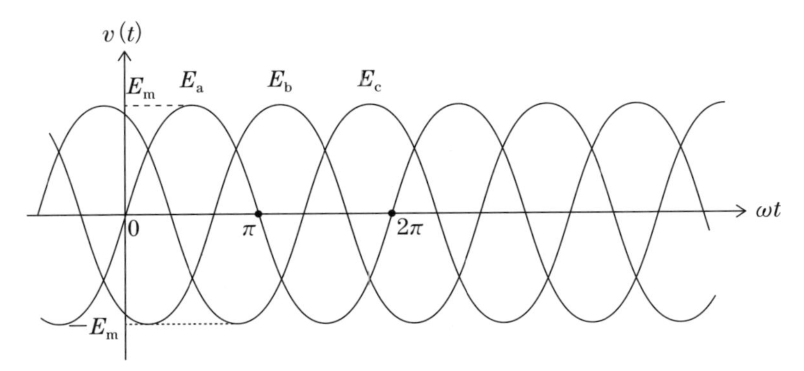

図 10-2　対称三相交流電圧

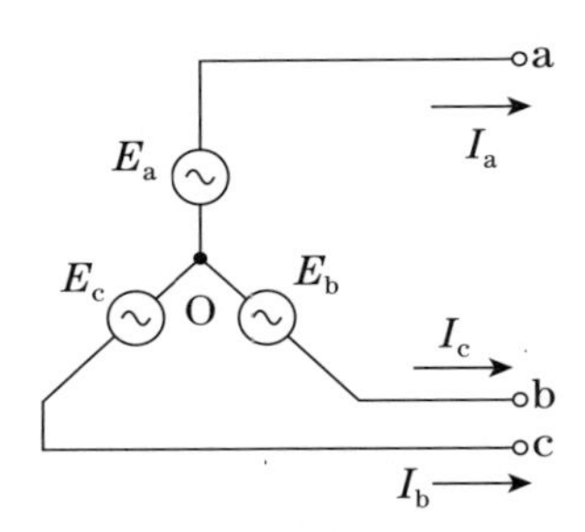

図 10-3　Y 形三相交流電源

ぞれ a 相，b 相，c 相と呼ばれ，その電圧を**相電圧**と呼ぶ．**図 10-2** のように順に a 相，b 相，c 相の最大値が到来するので，この a → b → c の順を**相順**と呼ぶ．また，ab 間，bc 間，ca 間の電圧は**線間電圧**と呼ばれ，$\dot{E}_a$，$\dot{E}_b$，$\dot{E}_c$ のベクトルにより計算される．すなわち対称三相交流電源の場合，

$$\dot{V}_{ab}=\dot{E}_a-\dot{E}_b=E_m\sin\omega t-E_m\sin\{\omega t-(2/3)\pi\}$$
$$=\sqrt{3}\sin\{\omega t+(1/6)\pi\}$$
$$\dot{V}_{bc}=\dot{E}_b-\dot{E}_c=E_m\sin\{\omega t-(2/3)\pi\}-E_m\sin\{\omega t+(2/3)\pi\}$$
$$=\sqrt{3}\sin\{\omega t+(1/2)\pi\}$$
$$\dot{V}_{ca}=\dot{E}_c-\dot{E}_a=E_m\sin\{\omega t+(2/3)\pi\}-E_m\sin\omega t$$
$$=\sqrt{3}\sin\{\omega t+(5/6)\pi\} \tag{10-4}$$

ここで，線間電圧は相電圧の大きさの $\sqrt{3}$ 倍であることは重要である．

図 10-3 で I_{a}，I_{b}，I_{c} はそれぞれの相に流れる電流で**線電流**と呼ばれる．三相回路を代表する値は端子間で測定可能な線電流と線間電圧である．3 ϕ200 V の動力配線の電圧は線間電圧が 200V であることを意味する．

三相の結線方法には Y 形結線に加え，**Δ 結線**と呼ばれる結線方法もある．この場合，線間電圧は相電圧に一致する．

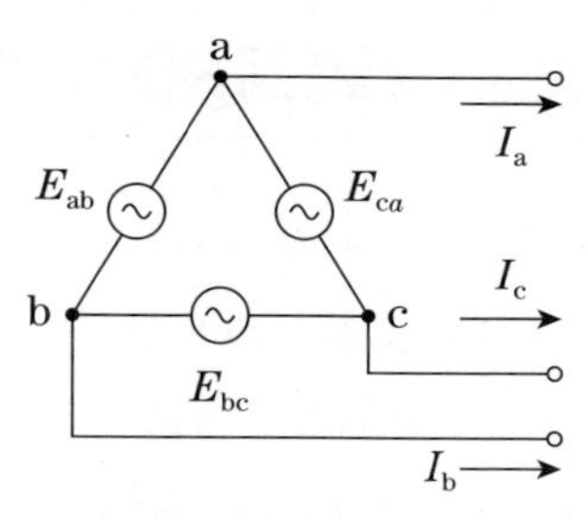

図 10-4　Δ 形三相交流電源

＜例題 10-1＞　**図 10-3** の電源を対称三相交流電源と考えて，相電圧，線間電圧のベクトル図を求めよ．

＜解答＞

図 10-5 のとおり．a 相，b 相，c 相各相は $(2/3)\pi$ ずつの位相差があり，線間電圧は $\dot{E}_{\mathrm{ab}}=\dot{E}_{\mathrm{a}}-\dot{E}_{\mathrm{b}}$ のようにベクトル和で示される．

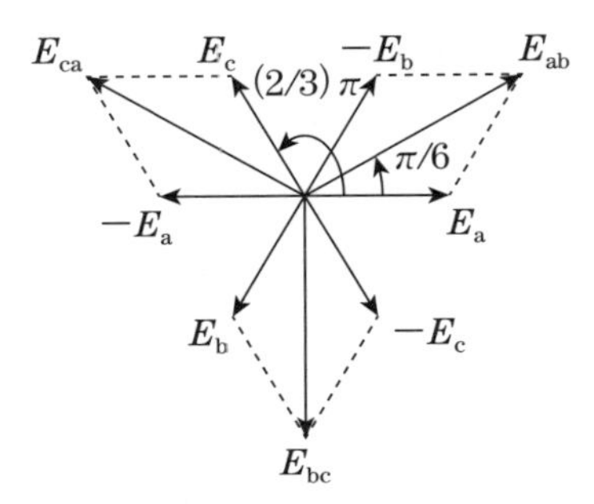

図 10-5　Y 形三相交流電源の電圧ベクトル

10-2　三相交流回路の結線方式

電源，負荷ともに Δ 結線，Y 結線があり，それらを接続する方法としては**図 10-6** から**図 10-9** の組み合わせが考えられる．また電源，負荷ともに Y 結線の場合には接地線を含めた三相 4 線式の**図 10-10** の配線方法が想定される．また Δ 結線の 1 相分を略した V 結線という回路方式も存在するので，合わせて**図 10-11** に示す．

三相の実際の電気配線を理解するには，**図 10-6** に示すような電源，線路，負荷とつながれた回路で，相電圧，相電流，線間電圧，線電流の関係を知っておく必要がある．

(1)　Y 結線—Y 結線の特徴

線電流は相電流と一致する．**線間電圧は相電圧の $\sqrt{3}$ 倍**で，一般に電源，負荷，線路ともに対称回路であると**三相平衡**になる．その場合，中性点の電位をゼロとみなす．また，電流については下記の関係が成り立ち，単相回路と同じ取り扱いとなる．

$$E_a = ZI_a,\ E_b = ZI_b,\ E_c = ZI_c \tag{10-5}$$

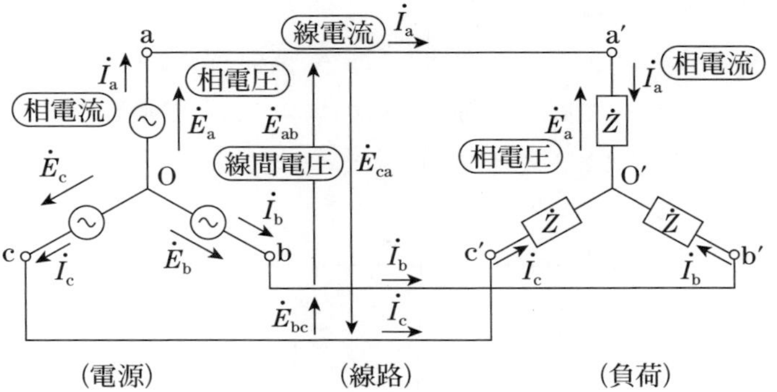

図 10-6　Y 結線—Y 結線

(2)　Δ 結線—Δ 結線の特徴

線間電圧は相電圧と一致する．線電流と相電流は一致しないが，相電流と相電圧の関係は，Y 結線 −Y 結線と同じく式（10-5）の関係になり，単相回路と同じ取り扱いとなる．線電流は相電流のベクトル和で求められ，**線電流は相電流の** $\sqrt{3}$ **倍**となる．

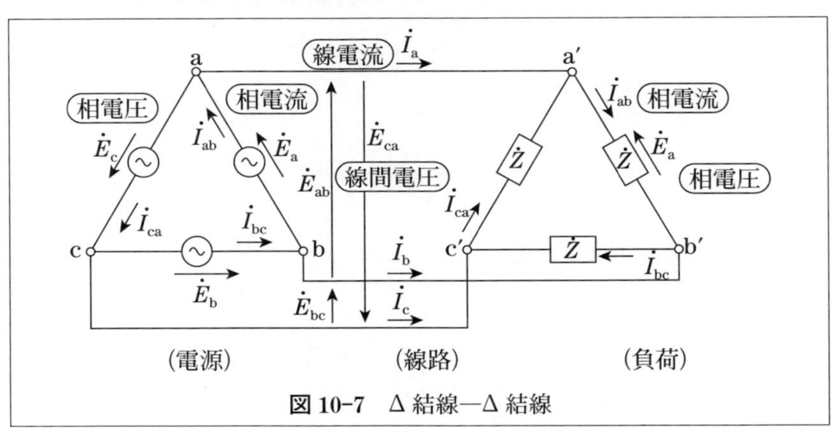

図 10-7　Δ 結線—Δ 結線

(3)　Y結線—Δ結線の特徴

Δ接続された負荷をΔY変換して，Y結線-Y結線として考えるとよい．負荷がすべて同一の対称負荷の場合，ΔY変換した負荷はそれぞれ$\dot{Z}/3$として計算ができる．

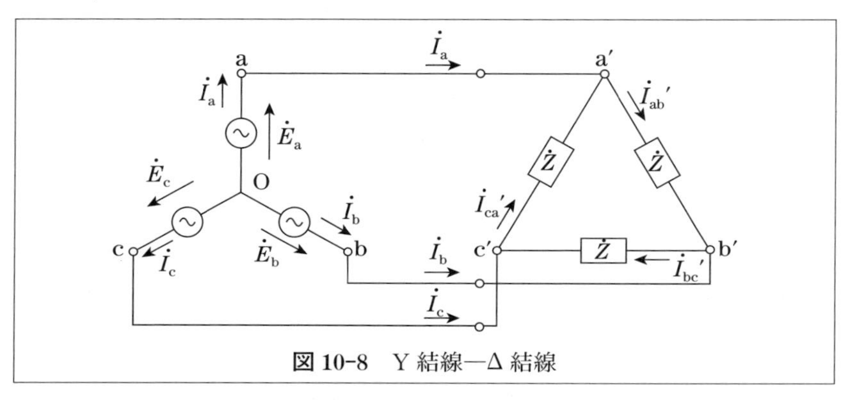

図10-8　Y結線—Δ結線

(4)　Δ結線—Y結線の特徴

Y接続された負荷をYΔ変換して，Δ結線-Δ結線として考えるとよい．負荷がすべて同一の対称負荷の場合，YΔ変換した負荷はそれぞれ$3\dot{Z}$として計算ができる．

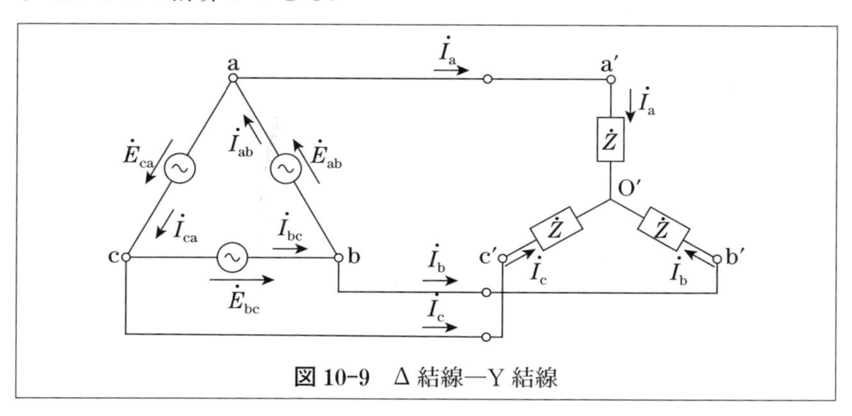

図10-9　Δ結線—Y結線

(5)　Y 結線—Y 結線の特徴

回路の電源，または負荷が三相平衡でない場合，**三相不平衡**となって中性線にも電流が流れる場合がある．電源，電線，負荷ともに対称回路であれば三相平衡となり，中性点の電位はゼロとなって電流は流れない．

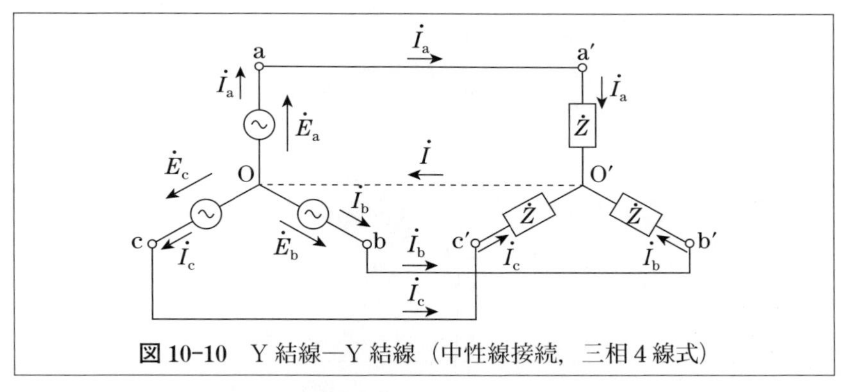

図 10-10　Y 結線—Y 結線（中性線接続，三相 4 線式）

(6)　V 結線— Y 結線の特徴

Δ 接続された電源は 1 相を取り除いても Δ 結線と同じ電圧が現れる．これを V 結線と呼ぶ．したがって本回路は**図 10-9** と同等の回路となる．単相変圧器 2 個を組み合わせて三相電力を変圧する場合によく用いられる．

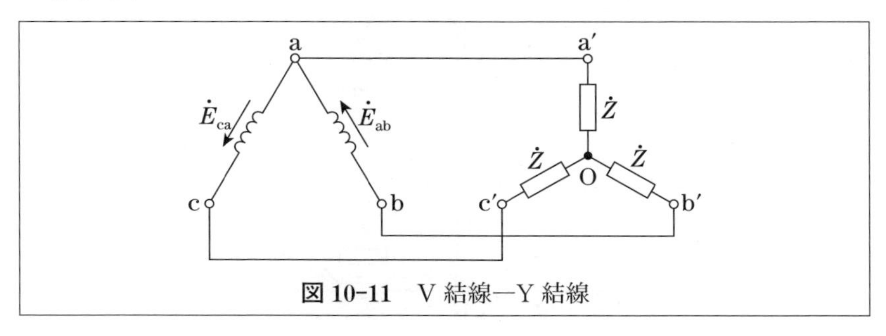

図 10-11　V 結線—Y 結線

<例題 10-2>　**図 10-10** で電源，負荷ともに対称で三相平衡の場合，中性線に電流は流れないことを示せ.

<解答>

電源は $\dot{E}_{\mathrm{a}}=E$，$\dot{E}_{\mathrm{b}}=a^2E$，$\dot{E}_{\mathrm{c}}=aE$ と表せる（**ベクトルオペレータ** a については 10-4 節を参照）.

各相の電流は $\dot{I}_{\mathrm{a}}=\dfrac{E}{Z}$，$\dot{I}_{\mathrm{b}}=a^2\dfrac{E}{Z}$，$\dot{I}_{\mathrm{c}}=a\dfrac{E}{Z}$

中性線の電流 $\dot{I}$ は

$$\dot{I}=\dot{I}_{\mathrm{a}}+\dot{I}_{\mathrm{b}}+\dot{I}_{\mathrm{c}}=\frac{E+a^2E+aE}{Z}=(1+a+a^2)\frac{E}{Z}=0$$

となり中性線には電流が流れない.

<例題 10-3>

(1)　**図 10-12** の回路において線路インピーダンス $Z_L=\mathrm{j}0.4\ \Omega$ とし，負荷インピーダンスを $Z_0=\mathrm{j}0.3+3\ \Omega$ とし，電源 $3\phi 200\ \mathrm{V}$ を印加した時の電流値を求めよ.

(2)　負荷の接続を Δ 結線に変更したら，電流値はいくらになるか.

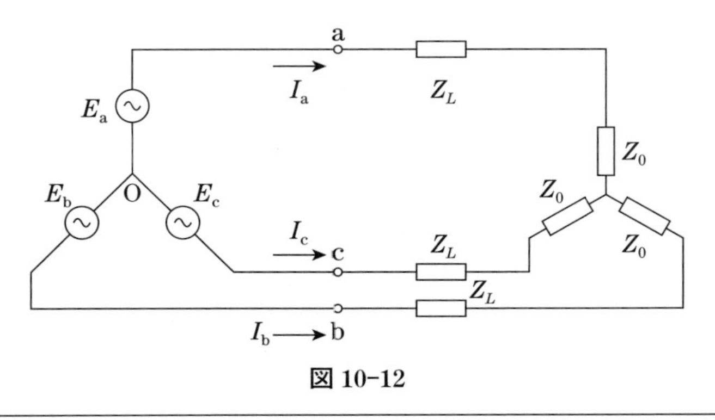

図 10-12

＜解答＞

(1)　$I=\left|\dfrac{200\sqrt{3}}{\mathrm{j}0.7+3}\right|=37.5\,\mathrm{A}$

(2)　Δ 結線部を ΔY 変換すると負荷の抵抗値は $\dfrac{(\mathrm{j}0.3+3)}{3}=\mathrm{j}0.1+1$

したがって $I=\left|\dfrac{200\sqrt{3}}{\mathrm{j}0.5+1}\right|=103\,\mathrm{A}$

10-3　三相交流回路の電力

図 10-13 の回路で負荷の消費電力を計算する．10-2 節で述べたように平衡三相回路の場合，中性点の電位は電源側，負荷側ともに零となり，同電位である．そこで破線の仮想中性線を示すと，a 相，b 相，c 相はそれぞれ独立した単相回路で消費電力は $E_{\mathrm{a}}I_{\mathrm{a}}\cos\phi$（ただし $\cos\phi$ は $\dot{Z}_0$ の力率）である．したがって三相電力は次の式で表せる．

$$P_{3\phi}=3E_{\mathrm{a}}I_{\mathrm{a}}\cos\phi=\sqrt{3}\,VI\cos\phi \tag{10-6}$$

V は線間電圧，I は線電流で I_{a} と一致する．

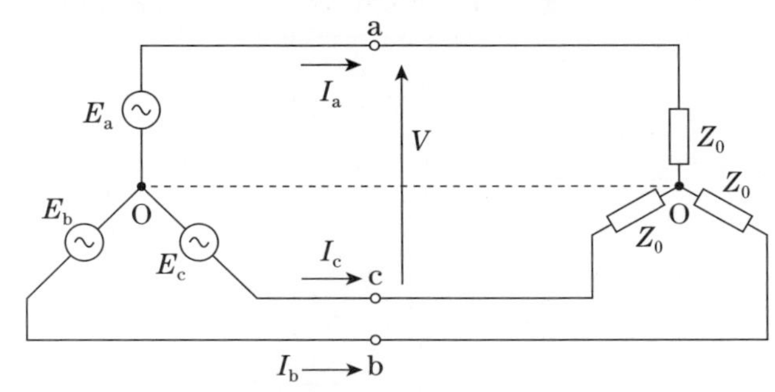

図 10-13　三相電力の計算

＜例題 10-4＞　三相交流回路において線間電圧が 200V，線電流が 20A，平衡三相負荷の力率が 80％であった．

⑴　平衡三相負荷の消費電力を求めよ．
⑵　Y 結線で接続された負荷のインピーダンスを求めよ．
⑶　皮相電力，無効電力を求めよ．

<解答>

⑴　5543 W　⑵ 5.8 Ω　⑶皮相電力 6928 V·A，無効電力 4157 var

<例題 10-5>　インピーダンス 3 +j4 Ω の負荷 3 個が Δ 結線された回路に 200 V の三相交流を印加した．この時の線電流，力率，消費電力，皮相電力，無効電力を求めよ．

<解答>

線電流 40 A，力率 60％，消費電力 8314 W，皮相電力 13856 V·A，無効電力 11085 var

10-4　三相交流回路のベクトル表示

先に述べたように，三相電圧は**図 10-14** のように表せる．この電圧を極座標表示すると下記のようになる．

$$
\begin{aligned}
\dot{E}_{\mathrm{a}} &= E\mathrm{e}^{\mathrm{j}0} \\
\dot{E}_{\mathrm{b}} &= E\mathrm{e}^{\mathrm{j}\left(-\frac{2}{3}\pi\right)} = a^2E \\
\dot{E}_{\mathrm{c}} &= E\mathrm{e}^{\mathrm{j}\left(\frac{2}{3}\pi\right)} = aE
\end{aligned}
\qquad (10\text{-}7)
$$

ここで $a=\dfrac{-1+\mathrm{j}\sqrt{3}}{2}$, $a^2=\dfrac{-1-\mathrm{j}\sqrt{3}}{2}$　と示される．a は**ベクトルオペレータ**と呼ばれる．

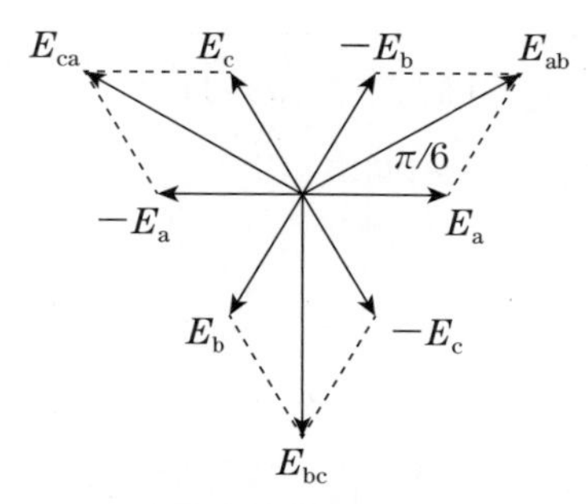

図 10-14　Y 形三相交流電源の電圧ベクトル

＜三相電源の変換＞

式（10-7）より，Y 形回路の電源は $\dot{E}_a-a^2\dot{E}_a$ とその $\pm(2/3)\pi$ の位相差の電圧源をもつ Δ 形回路の電源に変換されることが分かる．$\dot{E}_a-a^2\dot{E}_a$ は a 相電圧の $\sqrt{3}$ 倍の大きさであり，$(1/6)\pi$ の位相差を有することは**図 10-14** に示されるとおりである．

$$\begin{aligned}\dot{E}_{ab}&=\dot{E}_a-\dot{E}_b=\dot{E}_a-a^2\dot{E}_a=\sqrt{3}\,e^{j\left(\frac{\pi}{6}\right)}\cdot\dot{E}_a\\ \dot{E}_{bc}&=\dot{E}_b-\dot{E}_c=a^2\dot{E}_a-a\dot{E}_a=a^2(\dot{E}_a-a^2\dot{E}_a)=a^2\dot{E}_{ab}\\ \dot{E}_{ca}&=\dot{E}_c-\dot{E}_a=a\dot{E}_a-\dot{E}_a=a(\dot{E}_a-a^2\dot{E}_a)=a\dot{E}_{ab}\end{aligned}\qquad(10\text{-}8)$$

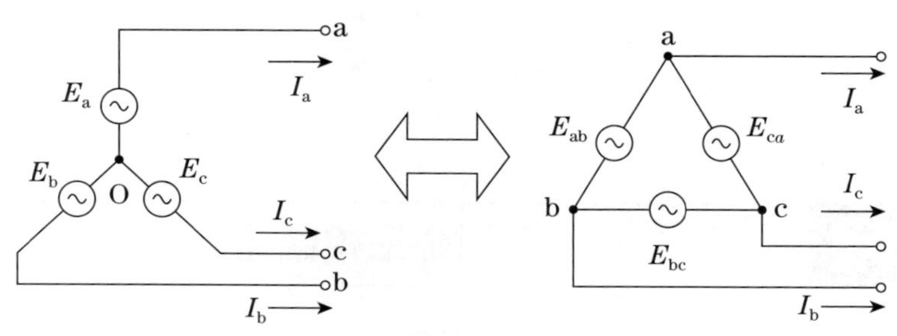

図 10-15　三相交流電源の変換

＜例題 10-6＞　下記の回路で負荷の力率を $\cos\theta$ として，各相の電流，電圧をベクトル表示せよ．

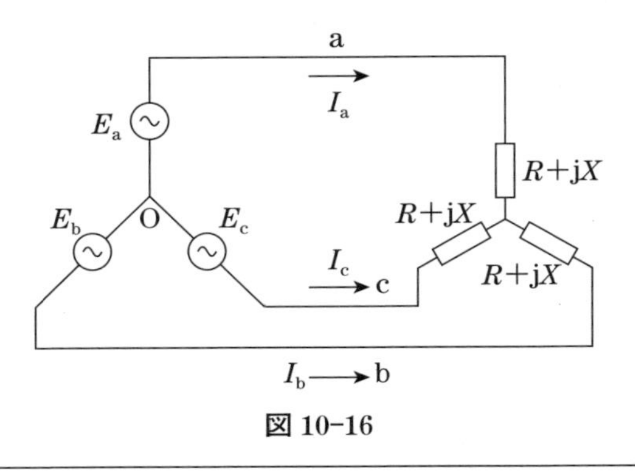

図 10-16

＜解答＞

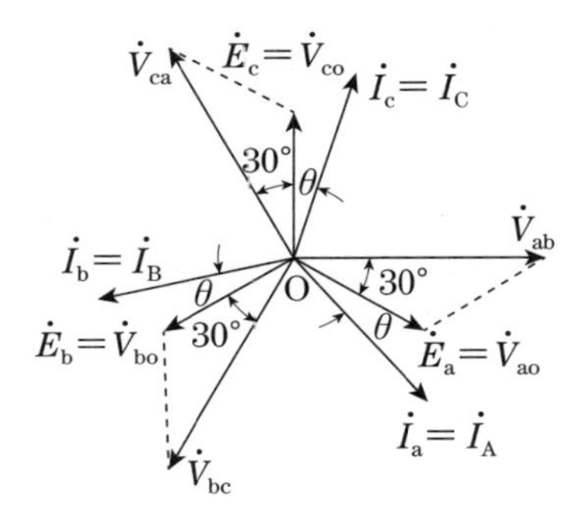

10-5　非対称三相回路

本章は基本的に三相平衡回路を取り扱ってきたが，この節では負荷が三相対称でないなど非平衡回路の解析方法について示す．不平衡回路の計算には主に次の３通りの計算方法が使用される．なお，ここでは①の例を示すのみとし，②，③は専門書を参考にされたい．

①回路解析による方法

三相非対称の場合には主に回路を節点数の多い１つの回路として取り扱い，KVL，KCL などから，電流電圧分布を計算することになる．

②対称座標法

主に発電機，伝送路の故障特性の計算に用いられる．不平衡な三相回路を平衡な正相，逆相，零相回路の対称成分の合成で表し，それぞれの成分を計算後，再び各相成分に変換して解析する手法である．故障点を除く回路が対称回路であるなどの適用条件がある．

③ α-β-0 座標法

対象座標法よりさらに特殊な条件として，電源（もっぱら発電機）の正相，逆相インピーダンスに比べ，平衡な伝送路などのインピーダンスが支配的で，対称分回路における正相，逆インピーダンスが近似的に等しい場合に限り適用できる近似的な解析法である．

<例題 10-7>　**図 10-17** に示すように対称三相起電力が不平衡負荷に加えられた時の各負荷の電圧，電流，電力を求めよ．負荷は $\dot{Z}_a = 2\,\Omega$，$\dot{Z}_b = 2\,\Omega$，$\dot{Z}_c = 1\,\Omega$，電源電圧は 125V とし，相順を a → b → c とする．

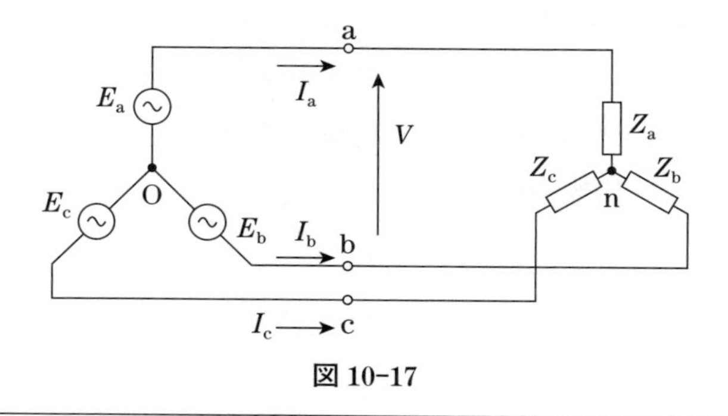

図 10-17

＜解答＞

各相電流を $\dot{I}_{\mathrm{a}}$, $\dot{I}_{\mathrm{b}}$, $\dot{I}_{\mathrm{c}}$ とするとKVLより

$$\dot{E}_{\mathrm{ab}}=\dot{Z}_{\mathrm{a}}\dot{I}_{\mathrm{a}}-\dot{Z}_{\mathrm{b}}\dot{I}_{\mathrm{b}}$$

$$\dot{E}_{\mathrm{bc}}=\dot{Z}_{\mathrm{b}}\dot{I}_{\mathrm{b}}-\dot{Z}_{\mathrm{c}}\dot{I}_{\mathrm{c}}$$

また，n点におけるKCLより　$0=\dot{I}_{\mathrm{a}}+\dot{I}_{\mathrm{b}}+\dot{I}_{\mathrm{c}}$

$\dot{E}_{\mathrm{ab}}=125\mathrm{e}^{\mathrm{j}0}=125$, $\dot{E}_{\mathrm{bc}}=125\mathrm{e}^{\mathrm{j}\frac{4\pi}{3}}=\dfrac{125}{2}(-1-\mathrm{j}\sqrt{3})$ とすると，

$$\dot{I}_{\mathrm{a}}=\frac{250-\mathrm{j}\,125\sqrt{3}}{8},\quad \dot{I}_{\mathrm{b}}=-\frac{250+\mathrm{j}\,125\sqrt{3}}{8},\quad \dot{I}_{\mathrm{c}}=\frac{\mathrm{j}\,125\sqrt{3}}{4}$$

さらに，各相の電圧を求めると，

$$\dot{V}_{\mathrm{a}}=\frac{250+\mathrm{j}\,125\sqrt{3}}{4},\quad \dot{V}_{\mathrm{b}}=-\frac{250+\mathrm{j}\,125\sqrt{3}}{4},\quad \dot{V}_{\mathrm{c}}=\frac{\mathrm{j}\,125}{4}$$

各相の電力は

$$P_{\mathrm{a}}=109375/32,\quad P_{\mathrm{b}}=109375/32,\quad P_{\mathrm{c}}=46875/16$$

10-6　三相以上の多相回路

単相→三相を拡張していくと，四相，五相… n 相と拡張することができる．その場合三相同様，Y結線に相当する**星形結線**（**図10-18** (a)）と，Δ結線に相当する**環状結線**（**図10-18** (b)）の方式が考えられる．対称電源の場合，三相と同じように線間電圧（端子電圧）と相電圧（1相起電力）には下記の関係がある．

$$\text{星形結線の線間電圧}=1\text{相起電力}\times 2\sin\frac{\pi}{n} \tag{10-9}$$

$$\text{環状結線の線間電圧}=1\text{相起電力} \tag{10-10}$$

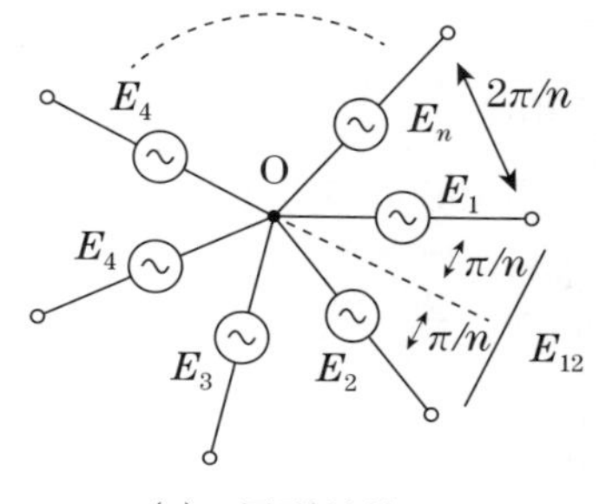

(a)　星形結線

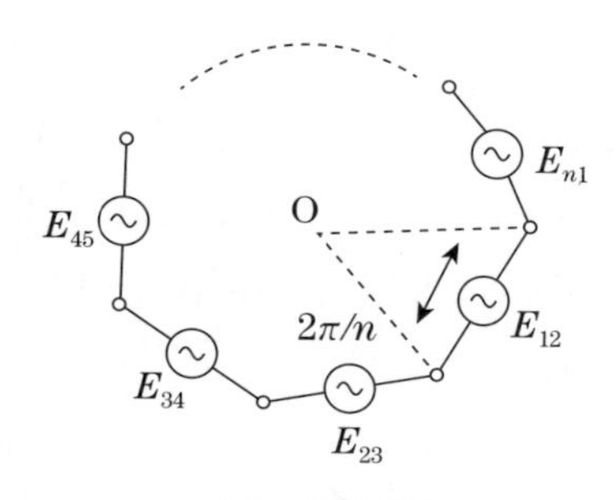

(b)　環状結線

図 10-18　多相回路結線方式

負荷の接続方式においても星形結線と環状結線がある．ここでは**図 10-19** に示すように平衡負荷（$\dot{Z}=Ze^{j\theta}$）を接続した場合の電流の大きさと位相について考察する．平衡負荷を星形結線する場合は Y-Y 接続の三相回路と同様各相の電圧が各相の負荷に印加されるので，負荷電圧の大きさは次式となる．

$$\text{負荷電圧}=\text{星形結線電源の 1 相起電力}\ E=\frac{\text{線間電圧}}{2\sin\dfrac{\pi}{n}} \quad (10\text{-}11)$$

電源 $E_1=Ee^{j0}$ を基準とすると，k 相の電圧は

$$\dot{E}_k=E\frac{V}{2\sin\dfrac{\pi}{n}}\angle\frac{2-2k}{n}\pi,$$

したがって線電流 $\dot{I}_k$ は次式となる．

$$\dot{I}_k=\frac{V}{Z\times 2\sin\dfrac{\pi}{n}}\angle\left(\frac{2-2k}{n}\pi-\theta\right) \quad (10\text{-}12)$$

次に，環状結線の場合は三相負荷の Δ-Δ 結線と同様，各相に流れる電流は各相電圧によって決まる．線電流 $\dot{I}_1$，$\dot{I}_2$，$\dot{I}_3$，…のベクトルは正 n 角形の各辺となる．また隣り合う 2 つの相電流の差となっている．

したがって各線電流の大きさは相電流の $2\sin\dfrac{\pi}{n}$ 倍となる．相電圧 $\dot{V}_{12}$ を基準とすると，相電圧 $\dot{V}_{kk+1}$ の位相は $\dfrac{2\pi(k-1)}{n}$ 遅れである．相電流 $\dot{I}_{kk+1}$ の位相は相電圧 $\dot{V}_{kk+1}$ の位相より θ 遅れとなっている．さらに線電流 $\dot{I}_k$ の位相は相電流 $\dot{I}_{kk+1}$ より $\dfrac{n-2}{2n}\pi$ 遅れとなっているので，

$$\dot{I}_k = 2\frac{V}{Z}\sin\frac{\pi}{n}\angle\frac{6-4k-n}{2n}\pi-\theta \tag{10-13}$$

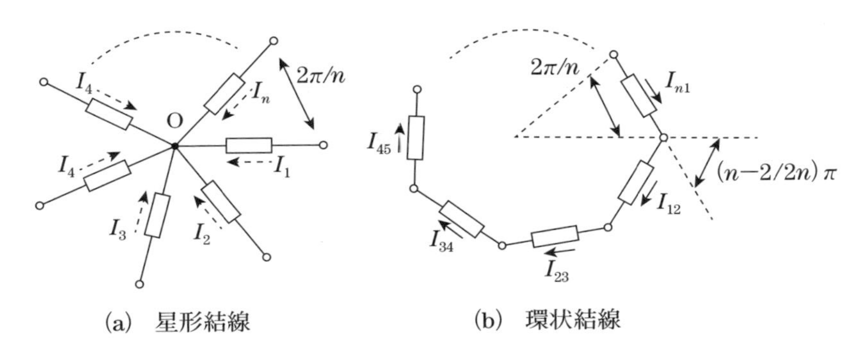

(a)　星形結線　　　　(b)　環状結線

図 10-19　多相回路負荷結線方式

章末問題 10

1　図 10-13 において電源を三相 200 V とし，各負荷を $Z_0 = 4+j3\ \Omega$ とした時の有効電力，無効電力を求めよ．

2　図 10-20 の回路で電源を三相 200 V とした時，下記を求めよ．

(1)　線電流

(2)　消費電力

(3)　無効電力

(4)　力率

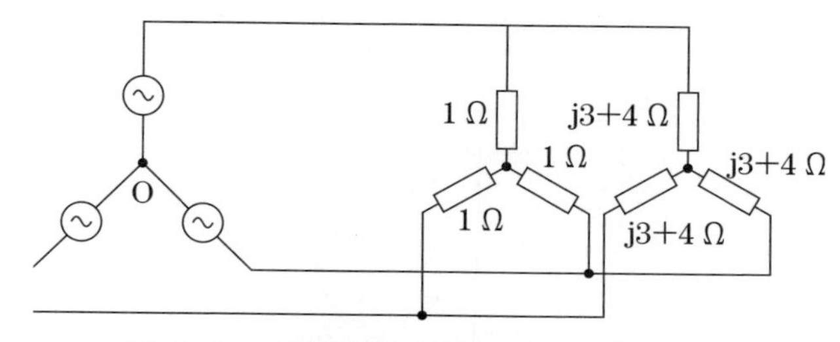

図 10-20　並列負荷の接続された三相回路

3　インピーダンス 3+j4 Ω の負荷 3 個が Δ 結線された回路に 200V の三相交流を印加した．この時の線電流，力率，消費電力，皮相電力，無効電力を求めよ．

4　図 10-21 のような 1 Ω の抵抗を有する配電線路と非対称の負荷からなる回路に AC3ϕ200 V の電源を接続した．下記の問いに答えよ．

(1)　線電流を求めよ．

(2)　負荷での合計消費電力を求めよ．

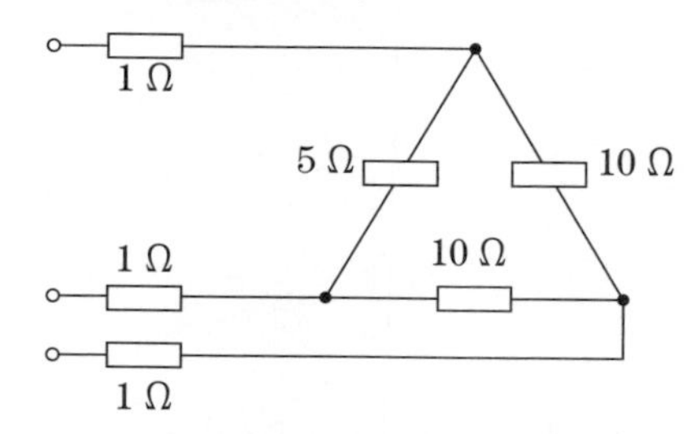

図 10-21　負荷の接続された三相配電回路

5　線間電圧 200 V の対称 12 相電源に力率 90％の負荷を接続したところ，線電流は 50 A であった．負荷電力を求めよ．

章末問題解答

＜第１章＞

1 (a)　$2\,\Omega$　(b)　$\dfrac{38}{29}\Omega$　(c)　$\dfrac{75}{34}\Omega$

2 7.5 A

3 $\dfrac{9}{8}$ A

4 $\dfrac{2}{3}$ A

5 (1)　$P=-R_iI^2+EI$

(2)　$P=R_i\left(I-\dfrac{E}{2R_i}\right)^2+\dfrac{E^2}{4R_i}$　より P の最大値$=\dfrac{E^2}{4R_i}$

(3)　$R_0=R_i$

＜第２章＞

1 (1)　①　$\sqrt{2}\,\mathrm{e}^{\mathrm{j}\frac{\pi}{4}}$　②　$\sqrt{2}\,\mathrm{e}^{-\mathrm{j}\frac{\pi}{4}}$　③　$\sqrt{5}\,\mathrm{e}^{\mathrm{j}\theta}$　$\theta=\tan^{-1}\left(\frac{1}{2}\right)$

④　$2\,\mathrm{e}^{\mathrm{j}\frac{\pi}{3}}$　⑤　$5\mathrm{e}^{\mathrm{j}\theta}$　$\theta=\tan^{-1}\left(\frac{4}{3}\right)$

(2)　①　$2\cos\theta+\mathrm{j}2\sin\theta$　②　$\sqrt{2}+\mathrm{j}\sqrt{2}$　③　j2　④　$1+\mathrm{j}\sqrt{3}$

⑤　$\sqrt{2}-\mathrm{j}\sqrt{2}$

(3)　①　$5\sin\left(200\pi t+\dfrac{\pi}{2}\right)$ [V]　②　$5\sin 2000\pi t$ [V]

(4)　$\dfrac{5}{6}\pi$　(5)　抵抗　$50\sqrt{2}\,\Omega$，リアクタンス　$\mathrm{j}50\sqrt{2}\,\Omega$

(6)　$6000\sqrt{2}$ V　(7)　①　$0.2\pi\ \Omega$　②　$40\pi\ \Omega$

③ $-\dfrac{500}{\pi}\ \mathrm{k\Omega}$　④ $-\dfrac{50}{\pi}\ \mathrm{M\Omega}$

2 (a) $\dfrac{\sqrt{2}}{2}\mathrm{e}^{\mathrm{j}\left(-\frac{\pi}{4}\right)}\ \Omega$　(b) $\sqrt{2}\,\mathrm{e}^{\mathrm{j}\left(-\frac{\pi}{4}\right)}\ \Omega$

3 (1) $\sqrt{2}\,\mathrm{e}^{\mathrm{j}\left(-\frac{\pi}{4}\right)}\ \Omega$　(2) $5\mathrm{e}^{\mathrm{j}\left(-\frac{\pi}{4}\right)}\ \mathrm{V}$　(3) $5\sqrt{2}\sin\left(t-\dfrac{\pi}{4}\right)$ [V]

4 $R=\sqrt{\dfrac{L}{C(1-\omega^2 CL)}}$　R が存在しうるために $\omega<\dfrac{1}{\sqrt{LC}}$ が必要.

5 同相の条件　$\omega=\dfrac{\sqrt{LC-C^2R^2}}{LC}$　　平均電力　$\dfrac{CRE^2}{L}$

＜第３章＞

1 省略

2

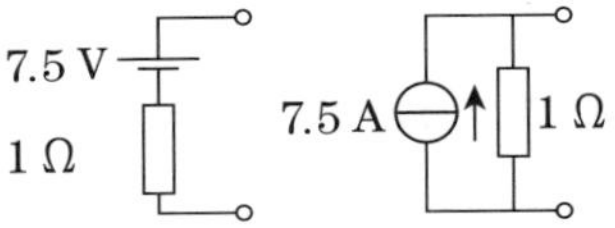

7.5 V　1 Ω　7.5 A　1 Ω

(a)

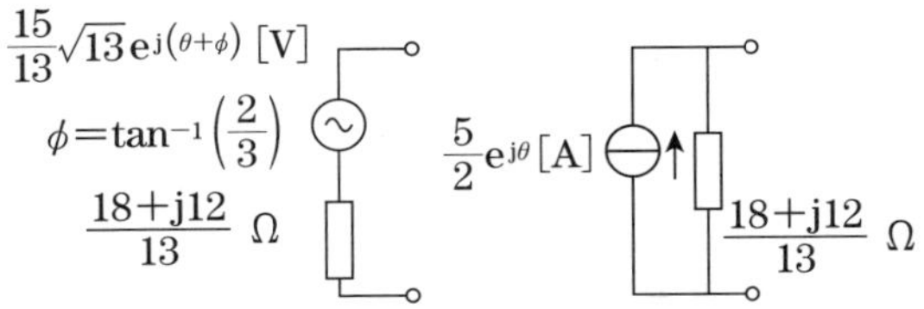

$\dfrac{15}{13}\sqrt{13}\,\mathrm{e}^{\mathrm{j}(\theta+\phi)}$ [V]　$\phi=\tan^{-1}\left(\dfrac{2}{3}\right)$　$\dfrac{18+\mathrm{j}12}{13}\ \Omega$　$\dfrac{5}{2}\mathrm{e}^{\mathrm{j}\theta}$ [A]　$\dfrac{18+\mathrm{j}12}{13}\ \Omega$

(b)

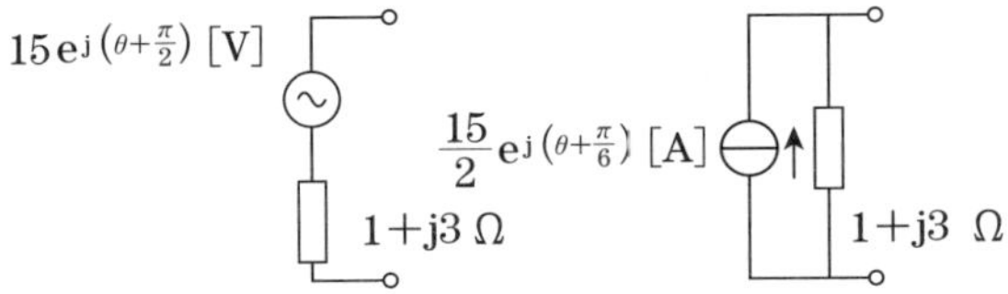

$15\,\mathrm{e}^{\mathrm{j}\left(\theta+\frac{\pi}{2}\right)}$ [V]　$1+\mathrm{j}3\ \Omega$　$\dfrac{15}{2}\mathrm{e}^{\mathrm{j}\left(\theta+\frac{\pi}{6}\right)}$ [A]　$1+\mathrm{j}3\ \Omega$

(c)

3 (a) 0.3 A　(b) $2\sqrt{5}\,\mathrm{e}^{\mathrm{j}(\theta-\phi)}$ $\phi=\tan^{-1}\left(\dfrac{1}{2}\right)$

4 $\dfrac{15}{4}$ A

5 $i(t)=\dfrac{5}{89}\sqrt{178}\sin(t-\theta)\qquad \theta=\tan^{-1}\left(\dfrac{3}{13}\right)$

＜第 4 章＞

1 $i(t)=\dfrac{\sqrt{2}}{2}\cos\left(t-\dfrac{\pi}{4}\right)+\dfrac{\sqrt{5}}{5}\sin(2t-\theta)\qquad \theta=\tan^{-1}(2)$

2 (1) 141 V　(2) $\dfrac{282}{\pi}$ V　(3) 100 V

(4) 波高率＝1.41　波形率＝$\dfrac{\pi}{2.82}\fallingdotseq 1.11$

3 $C=\dfrac{1}{\omega^2 M}$

＜第 5 章＞

1 網路方程式の一例 $\begin{pmatrix}6 & -2 & 0 & -3\\ -2 & 4 & -1 & -1\\ 0 & -1 & 5 & -1\\ -3 & -1 & -1 & 6\end{pmatrix}\begin{pmatrix}I_1\\ I_2\\ I_3\\ I_4\end{pmatrix}=\begin{pmatrix}5\\ 0\\ 0\\ 0\end{pmatrix}$ $I=\dfrac{235}{259}$ A

2 節点方程式の一例 $\begin{pmatrix}4 & -1 & -2\\ -1 & 4 & -1\\ -2 & -1 & 3\end{pmatrix}\begin{pmatrix}V_1\\ V_2\\ V_3\end{pmatrix}=\begin{pmatrix}-4\\ 0\\ 10\end{pmatrix}$ $V_1=\dfrac{46}{21}$ V

3 $I=\dfrac{25}{12}$ A

4 $\begin{pmatrix}4 & 3 & 1\\ 3 & 6 & 3\\ 1 & 3 & 4\end{pmatrix}\begin{pmatrix}V_{t1}\\ V_{t2}\\ V_{t3}\end{pmatrix}=\begin{pmatrix}5\\ 3\\ 3\end{pmatrix}$ $V_1=\dfrac{19}{12}$ V

章末問題解答

<第 6 章>

1 $v=10\left(1-e^{-\frac{15}{2}t}\right)$ [V]

2 $i=15\left(1-e^{-\frac{1000}{3}t}\right)$ [A]

3 $v=15+e^{-500t}(-15\cos 1500t+5\sin 1500t)$ [V]

4 $i=\dfrac{5}{2}+\dfrac{5}{2}e^{-t}(-\cos t+\sin t)$ [A]

5 $i=5e^{-t}-5te^{-t}$ [A]

<第 7 章>

1 (1) $x(t)=1+\dfrac{4}{3}e^{-t}-\dfrac{1}{3}e^{-4t}$

(2) $x(t)=-\dfrac{2}{5}\cos t+\dfrac{1}{5}\sin t+e^{-t}\left(\dfrac{2}{5}\cos t+\dfrac{1}{5}\sin t\right)$

(3) $x(t)=e^{-t}+2te^{-t}$

2 (1) $-\dfrac{1}{2}e^{-2t}(\cos t+\sin t)+\dfrac{1}{2}e^{-t}$ (2) $\dfrac{1}{2}\sin t-\dfrac{t}{2}\cos t$

(3) $-e^{-t}+\dfrac{1}{2}e^{-2t}+\dfrac{1}{2}$ (4) $\dfrac{1}{6}(e^{3(t-3)}-e^{-3(t-3)})\times u(t-3)$

(5) $\dfrac{1}{2\omega}\sin\omega t+\dfrac{t}{2}\cos\omega t$

(6) $(e^{-2(t-1)}+e^{-(t-1)})u(t-1)+(e^{-2(t-2)}+e^{-(t-2)})u(t-2)$

(7) $\dfrac{1}{2}e^{-t}-3e^{-2t}+\dfrac{7}{2}e^{-3t}$ (8) $\dfrac{2}{3}e^{2t}+\dfrac{1}{3}e^{-t}$

(9) $\dfrac{3}{5}e^{2t}+\dfrac{2}{5}e^{-3t}$ (10) $e^{-2t}\left(\dfrac{1}{3}\sin 3t+2\cos 3t\right)$

(11) $e^{-2t}\left(\dfrac{\cos t}{2}-\dfrac{7}{2}\sin t\right)+4e^{-2t}-\dfrac{9}{2}e^{-3t}$

3 $v_R(t)=e^{-t}(\sin t+\cos t)-e^{-t}$ [V]

4 $i=5te^{-t}$ [A]

5 $V_r(s)=\dfrac{1}{(s^2+2s+2)(s+1)}$ $v_r(t)=-\mathrm{e}^{-t}\cos t+\mathrm{e}^{-t}$ [V]

6 $v_0(t)=5\mathrm{e}^{-t}-5\cos t$ [V]

＜第8章＞

1 (1) $\begin{cases}\dot{V}_1=\mathrm{j}\omega L_1\dot{I}_1+\mathrm{j}\omega M\dot{I}_2\\ \dot{V}_2=\mathrm{j}\omega M\dot{I}_1+\mathrm{j}\omega L_2\dot{I}_2\end{cases}$ (2) $\begin{pmatrix}\mathrm{j}\omega L_1 & \mathrm{j}\omega M\\ \mathrm{j}\omega M & \mathrm{j}\omega L_2\end{pmatrix}$

(3) $\dot{Z}_{\mathrm{a1}}=\mathrm{j}\omega L_1-\mathrm{j}\omega M$ $\dot{Z}_{\mathrm{b}}=\mathrm{j}\omega M$

$\dot{Z}_{\mathrm{a2}}=\mathrm{j}\omega L_2-\mathrm{j}\omega M$

(4) 図 8-21(a)(b)に(3)の解答を代入し，直列接続すると下図が得られ，この回路図を簡単化すると図 8-21(c)が得られる．

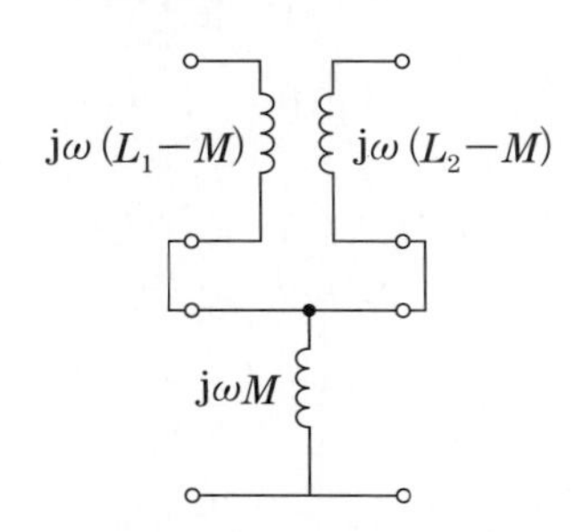

2 (a) $\dot{Z}=\begin{pmatrix}R+\dfrac{\mathrm{j}\omega L}{1-\omega^2LC} & \dfrac{\mathrm{j}\omega L}{1-\omega^2LC}\\ \dfrac{\mathrm{j}\omega L}{1-\omega^2LC} & \dfrac{\mathrm{j}\omega L}{1-\omega^2LC}\end{pmatrix}$

$\dot{Y}=\begin{pmatrix}\dfrac{1}{R} & -\dfrac{1}{R}\\ -\dfrac{1}{R} & \dfrac{1}{R}+\mathrm{j}\omega C+\dfrac{1}{\mathrm{j}\omega L}\end{pmatrix}$ $\dot{F}=\begin{pmatrix}1+\dfrac{R(1-\omega^2LC)}{\mathrm{j}\omega L} & R\\ \mathrm{j}\omega C+\dfrac{1}{\mathrm{j}\omega L} & 1\end{pmatrix}$

(b) $$\dot{Z}=\begin{pmatrix}\dfrac{\mathrm{j}\omega L(2-\omega^2LC)}{1-\omega^2LC} & \dfrac{\mathrm{j}\omega L}{1-\omega^2LC}\\ \dfrac{\mathrm{j}\omega L}{1-\omega^2LC} & \dfrac{\mathrm{j}\omega L}{1-\omega^2LC}\end{pmatrix}$$

$$\dot{Y}=\begin{pmatrix}\dfrac{1}{\mathrm{j}\omega L} & -\dfrac{1}{\mathrm{j}\omega L}\\ -\dfrac{1}{\mathrm{j}\omega L} & \dfrac{2-\omega^2LC}{\mathrm{j}\omega L}\end{pmatrix}\quad \dot{F}=\begin{pmatrix}2-\omega^2LC & \mathrm{j}\omega L\\ \mathrm{j}\omega C+\dfrac{1}{\mathrm{j}\omega L} & 1\end{pmatrix}$$

(c) $$\dot{Z}=\begin{pmatrix}\dfrac{5}{8}Z & \dfrac{Z}{8}\\ \dfrac{Z}{8} & \dfrac{5}{8}Z\end{pmatrix}\ \dot{Y}=\begin{pmatrix}\dfrac{5}{3Z} & -\dfrac{1}{3Z}\\ -\dfrac{1}{3} & \dfrac{5}{3Z}\end{pmatrix}\ \dot{F}=\begin{pmatrix}5 & 3Z\\ \dfrac{8}{Z} & 5\end{pmatrix}$$

3 $$\dot{F}=\begin{pmatrix}1 & R\\ 0 & 1\end{pmatrix}\begin{pmatrix}1 & 0\\ \dfrac{1-\omega^2CL}{\mathrm{j}\omega L} & 1\end{pmatrix}\begin{pmatrix}1 & \mathrm{j}\omega L\\ 0 & 1\end{pmatrix}\begin{pmatrix}1 & 0\\ \dfrac{1-\omega^2CL}{\mathrm{j}\omega L} & 1\end{pmatrix}$$

$$=\begin{pmatrix}(2-\omega^2CL)+\dfrac{(1-\omega^2CL)(3-\omega^2CL)\,R}{\mathrm{j}\omega L} & (2-\omega^2CL)R+\mathrm{j}\omega L\\ \dfrac{(1-\omega^2CL)(3-\omega^2CL)}{\mathrm{j}\omega L} & (2-\omega^2CL)\end{pmatrix}$$

4 相互誘導回路部分と CR からなる π 型回路部分の直列接続と考える.

$$\dot{Z}=\begin{pmatrix}\mathrm{j}\omega L_1+\dfrac{1}{\mathrm{j}\omega C}+R & \mathrm{j}\omega M+R\\ \mathrm{j}\omega M+R & \mathrm{j}\omega L_2+\dfrac{1}{\mathrm{j}\omega C}+R\end{pmatrix}$$

5 (a) $\dfrac{s^2+2s+1}{s^2+s+1}$ (b) $\dfrac{s^3+s^2+2s+1}{s^2+s+1}$ (c) $\dfrac{s^3+s^2+2s}{s^2+s+1}$

6 (a) $\dfrac{s}{s^2+s+1}$ (b) $\dfrac{s}{s^3+s^2+2s+1}$ (c) $\dfrac{1}{s^2+s+2}$

(d) $\dfrac{s}{(s+1)^2}$ (e) $\dfrac{s(1-s)}{(s+1)^2}$ (f) $\dfrac{1}{s+2}$

7 (1) $H(s)=\dfrac{\dfrac{1}{Cs}-Ls}{Ls+\dfrac{2L}{CR}+\dfrac{1}{Cs}}=\dfrac{-s^2+\dfrac{1}{LC}}{s^2+\dfrac{2}{CR}s+\dfrac{1}{LC}}$

(2) $H(s)=-\dfrac{s-1/\sqrt{LC}}{s+1/\sqrt{LC}}$ より $H(\mathrm{j}\omega)=-\dfrac{\mathrm{j}\omega-1/\sqrt{LC}}{\mathrm{j}\omega+1/\sqrt{LC}}$

振幅特性 $|H(\mathrm{j}\omega)|=\dfrac{|\mathrm{j}\omega-1/\sqrt{LC}|}{|\mathrm{j}\omega+1/\sqrt{LC}|}=1$ となって全域通過回路となる.

位相特性 $H(\mathrm{j}\omega)=\dfrac{\left(\dfrac{1}{LC}-\omega^2\right)-2\dfrac{\omega}{\sqrt{LC}}\mathrm{j}}{\omega^2+LC}$ より位相角を求めると

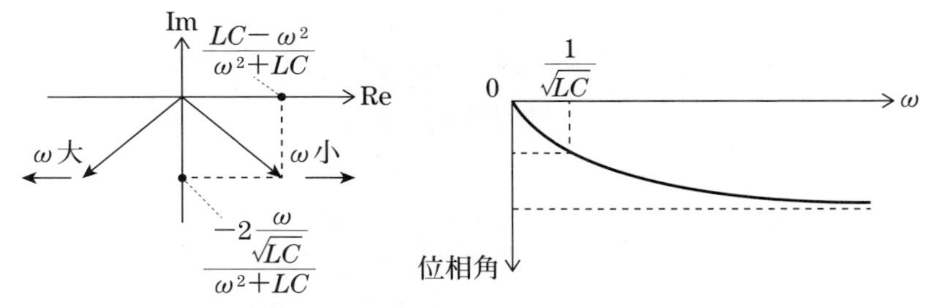

$H(\mathrm{j}\omega)$ のベクトル図

8 式 (8-31)～(8-37) より各自試みられたい.

9 $v=f\lambda$ より $\lambda/4=f/4v$ を求める.

50 Hz 送電線 1500 km, 700 MHz 信号線 0.1 m

10 $Z_0=\sqrt{\dfrac{(R+\mathrm{j}\omega L)}{(G+\mathrm{j}\omega C)}}=344\,\Omega$

$\gamma=\sqrt{(R+\mathrm{j}\omega L)(G+\mathrm{j}\omega C)}=5.41\times10^{-4}$

<第 9 章>

1 状態微分方程式 $\dfrac{\mathrm{d}i(t)}{\mathrm{d}t}=-\dfrac{R}{2L}i(t)+\dfrac{1}{2L}E$

入出力状態方程式 $v_0(t)=-\dfrac{R}{2}i(t)+\dfrac{1}{2}E$

出力関数 $v_0(t)=\dfrac{E}{2}\mathrm{e}^{-\frac{R}{2L}t}$

2 状態微分方程式 $\dfrac{\mathrm{d}}{\mathrm{d}t}\begin{pmatrix}i(t)\\v(t)\end{pmatrix}=\begin{pmatrix}-1&-1\\1&-1\end{pmatrix}\begin{pmatrix}i(t)\\v(t)\end{pmatrix}-\begin{pmatrix}\mathrm{e}^{-t}\\0\end{pmatrix}$

入出力状態方程式 $(v_r(t))=(0\quad 1)\begin{pmatrix}i(t)\\v(t)\end{pmatrix}$

3 2 H のコイルに流れる電流 $i_1(t)$，1 H のコイルに流れる電流 $i_2(t)$ を状態変数とする．

状態微分方程式 $\dfrac{\mathrm{d}}{\mathrm{d}t}\begin{pmatrix}i_1(t)\\i_2(t)\end{pmatrix}=\begin{pmatrix}-\dfrac{3}{4}&\dfrac{1}{4}\\\dfrac{1}{2}&-\dfrac{3}{2}\end{pmatrix}\begin{pmatrix}i_1(t)\\i_2(t)\end{pmatrix}+\begin{pmatrix}\dfrac{5}{4}\sin t\\\dfrac{5}{2}\sin t\end{pmatrix}$

入出力状態方程式 $(v_0(t))=\begin{pmatrix}\dfrac{1}{2}&-\dfrac{1}{2}\end{pmatrix}\begin{pmatrix}i_1(t)\\i_2(t)\end{pmatrix}+\begin{pmatrix}\dfrac{5}{2}\sin t\end{pmatrix}$

4 コイル電流 $i(t)$，コンデンサ電圧 $v(t)$ を状態変数とする．

状態微分方程式 $\dfrac{\mathrm{d}}{\mathrm{d}t}\begin{pmatrix}i(t)\\v(t)\end{pmatrix}=\begin{pmatrix}0&-1\\\dfrac{1}{2}&-1\end{pmatrix}\begin{pmatrix}i(t)\\v(t)\end{pmatrix}+\begin{pmatrix}5\sin t\\\dfrac{5}{2}\sin t\end{pmatrix}$

入出力状態方程式 $(v_0(t))=\begin{pmatrix}0&-\dfrac{1}{2}\end{pmatrix}\begin{pmatrix}i(t)\\v(t)\end{pmatrix}+(5\sin t)$

5 (1) $\mathrm{e}^{\boldsymbol{A}t}=\begin{pmatrix}\dfrac{6}{5}\mathrm{e}^{-t}-\dfrac{1}{5}\mathrm{e}^{4t}&-\dfrac{2}{5}\mathrm{e}^{-t}+\dfrac{2}{5}\mathrm{e}^{4t}\\\dfrac{3}{5}\mathrm{e}^{-t}-\dfrac{3}{5}\mathrm{e}^{4t}&-\dfrac{1}{5}\mathrm{e}^{-t}+\dfrac{6}{5}\mathrm{e}^{4t}\end{pmatrix}$

(2) $e^{\boldsymbol{A}t}=\begin{pmatrix} \frac{1}{9}e^{-3t}+\frac{8}{9}e^{6t} & \frac{2}{9}e^{-3t}-\frac{2}{9}e^{6t} \\ \frac{4}{9}e^{-3t}-\frac{4}{9}e^{6t} & \frac{8}{9}e^{-3t}-\frac{1}{9}e^{6t} \end{pmatrix}$

(3) $e^{\boldsymbol{A}t}=\begin{pmatrix} e^{t} & -te^{t} & 0 \\ 0 & e^{t} & 0 \\ 0 & e^{2t}-e^{t} & e^{2t} \end{pmatrix}$

＜第 10 章＞

1 有効電力　6400 W，無効電力　4800 W

2 (1) 135 A　(2) 46400 W　(3) 4800 var　(4) 0.9947

3 線電流　$40\sqrt{3}$ A＝69.3 A，力率　0.6，消費電力　14400 W，皮相電力　24000 V・A，無効電力　19200 var

4 (1) 5 Ω につながる線電流　$\frac{1400}{39}$ A，　10Ω につながる線電流　$\frac{200\sqrt{3}}{13}$ A

(2) 7995 W

5 12 相の場合の線間電圧 V と相電圧 V' の関係は $V'=\dfrac{V}{2\sin\frac{\pi}{12}}$

209 kW

〈引用・参考文献〉

本書は筆者が授業向けに作成した資料などを編集して作成したため，様々な書籍の内容を参考にさせて頂いております．それらを参考図書として下記に列挙します．

・『電気回路ノート』（森　真作著，コロナ社）

かなり長期にわたり筆者の授業で３年向けのテキストとして採用させていただきました．広い範囲の内容がコンパクトにまとめられています．交流回路が後半に解説されているので，交流回路を早期に学びたい学生には適していません．

・『回路の応答』（武部　幹著，コロナ社）

本書もかなり長期にわたり筆者の授業で４年のテキストとして使用しています．過渡現象の解析について丁寧に説明されています．本書では扱っていないアナログ，ディジタル信号波の解析の基礎事項まで解説されています．

・『交流理論』（東京電機大学編，東京電機大学出版局）

本書もかなり長期にわたり筆者の所属校で２年のテキストとして使用しています．高専では交流回路の実験なども行うため早期に交流回路の修得が必要で，筆者の所属校でも２年で交流理論を学んでいます．多相回路について本書より詳細に解説されています．

・『新編電気工学講座７　電気回路（１）』（鍛冶幸悦，岡田新之助著，コロナ社）

1965年と非常に古い出版ですが，記号法による計算を２章でとりあげ交流を中心とした構成になっており，多相回路や対称座標法を取り入れるなど深い内容となっています．

・『標準電気工学講座　改訂電気回路理論』（末崎輝雄，天野　弘著，コロナ社）

1959年に発行され改訂が加えられた380ページに及ぶ詳細なテキスト

です．回路理論の入門書と銘打ち，解説の式の誘導も丁寧であるとともに高度な内容も含まれていますが，直流による回路理論の紹介が無く，巻頭からいきなり交流理論が展開されており，初学者が使用するのはハードルが高いと思われます．一通り電気回路を学んだ方が知識を確認するのに適しています．

・『最新回路理論　基礎と演習』（白川　功，梶谷洋司，篠田庄司著，日本理工出版会）
　演習問題も豊富で内容の濃い教科書です．

・『基礎から学ぶ電気回路計算（改訂２版）』（永田博義著，オーム社）
　入門者，初学者が演習書として利用されるのに良い書籍です．

索　引

数字

4端子行列……………………………126

英字

Band-pass filter ……………………133
Critical dumping ……………………87
F 行列……………………………126
High-pass filter …………………… 131
KCL……………………………4, 72
KVL……………………………4, 72
Low-pass filter ……………………132
Over dumping ………………………86
Q 値…………………………………33
RMS………………………………… 62
Under dumping ……………………87
Y 行列……………………………124
Y 結線………………………………155
YΔ（ワイデルタ）変換…………154
Z 行列……………………………124

あ

アドミタンス行列………………… 125

い

一般解……………………………… 87
インピーダンス……………………24
インピーダンス行列……………… 125

え

エネルギー保存……………………55
枝…………………………………… 55, 73

お

応答…………………………………89
遅れ…………………………………20
遅れ無効電力………………………37

か

回路の良さ…………………………33
回路網関数…………………………115
角周波数……………………………20
過減衰………………………………86
重ね合わせの理……………………51
カットセット………………………73
カットセット行列…………………82
過渡解析……………………………85
過渡項………………………………89
環状結線……………………………168
完全解………………………………87

き

木……………………………………73
木枝…………………………………73
基本カットセット…………………74
基本カットセット集合……………74
基本閉路……………………………74
基本閉路集合………………………74
キャンベルブリッジ………………69
供給電力最大の法則………………15
共振周波数…………………………33
極座標系……………………………21
キルヒホッフの電圧則……………4
キルヒホッフの電流則……………4

こ

高域通過形フィルタ……………… 131
交流ブリッジ………………………67
コンダクタンス……………………39

さ

サセプタンス………………………39

三相不平衡……161
三相平衡……158

し

磁束保存則……99
実効値……23, 62
縦続行列……126
充電電圧……93
消費電力……37
初期位相……20
振幅……20

す

進み……20
進み無効電力……38

せ

整合……15
斉次方程式……86
節点……55, 73
節点行列……78
節点方程式……77
線間電圧……156
線電流……157

そ

相互誘導回路……60, 65
相電圧……156
相反定理……53

た

帯域通過形フィルタ……133

ち

直列共振……33
直列共振回路……32
直交座標系……21

て

低域通過形フィルタ……132
定常解析……85
定常項……89
テブナン等価回路……47
テブナンの定理……47
Δ（デルタ）結線……157
ΔY（デルタワイ）変換……154
テレゲンの定理……55
電圧源……3
電圧フェーザ……23
電荷保存則……100
伝送行列……126
電流源……3
電流フェーザ……23

と

特性方程式……86
特解……87

な

内部抵抗……4

の

ノートン等価回路……49
ノートンの定理……49

は

波形率……63
波高率……63

ひ

非斉次方程式……86
皮相電力……38

ふ

フィルタ……131
フェーザ法……23
複素電力……36
不足減衰……87
部分分数分解……104
分圧……11
分圧器……11
分圧比……13
分流……11

索　引

分流器……11
分流比……12

へ

平均電力……37
ヘイブリッジ……68
並列共振……35
並列共振回路……34
閉路……73
閉路行列……80
閉路方程式……79
ベクトルオペレータ……162, 164
ベクトル軌跡……39
ヘビサイドの展開定理……106

ほ

ホイートストンブリッジ……67
放電……95
補木……73
星形結線……168
補償定理……54

ま

マクスウェルブリッジ……68

む

無効電力……37

も

網路行列……77
網路方程式……76

ゆ

有効電力……36

よ

余関数……87

ら

ラプラス変換……104
ラプラス変換表……107

り

リアクタンス……31
力率……37
臨界減衰……87

れ

零状態応答……90
零入力応答……90
連結……73

——著　者　略　歴——

津吉　彰（つよし　あきら）

●学歴

1984年　大阪大学工学部電気工学科卒業

1986年　大阪大学大学院工学研究科電気工学専攻前期課程修了

2001年　博士(工学)　大阪大学

●職歴

1986年　神戸市立工業高等専門学校電気工学科講師

現　在　同校　電気工学科教授

電力工学、エネルギー工学、電気回路、電気数学、実験、卒業研究などを担当。

●研究分野

大学時代より半導体を用いた熱電発電を研究してきたが、現在は自然エネルギーを中心として太陽電池や2次電池などの研究にも分野を広げている。

よくわかる電気回路

2016年12月28日　第1版第 1刷発行

著　者　津（つ）　吉（よし）　彰（あきら）

発行者　田　中　久　喜

発　行　所

株式会社　電　気　書　院

ホームページ　www.denkishoin.co.jp

（振替口座　00190-5-18837）

〒101-0051　東京都千代田区神田神保町1-3ミヤタビル2F

電話(03)5259-9160／FAX(03)5259-9162

印刷　創栄図書印刷株式会社

Printed in Japan／ISBN978-4-485-30073-2

- 落丁・乱丁の際は，送料弊社負担にてお取り替えいたします．
- 正誤のお問合せにつきましては，書名・版刷を明記の上，編集部宛に郵送・FAX（03-5259-9162）いただくか，当社ホームページの「お問い合わせ」をご利用ください．電話での質問はお受けできません．